全国技工院校非机械类专业教材
（中/高级技能层级）

制图与机械常识

（第三版）

人力资源社会保障部教材办公室　组织编写

中国劳动社会保障出版社

简介

　　本书主要内容包括机械制图基础、机械图样的表达与识读、AutoCAD 2018绘图基础、工程力学基础、机械传动、常用机构、液压传动与气压传动基础等。

　　本书由王希波主编，逯伟任副主编，吕晓玲、米光明、陆正宇、刘军荣、徐淑涛、王雪、初向欣参加编写。

图书在版编目（CIP）数据

制图与机械常识 / 人力资源社会保障部教材办公室组织编写 . -- 3版 . -- 北京：中国劳动社会保障出版社，2019

全国技工院校非机械类专业教材. 中、高级技能层级

ISBN 978-7-5167-4110-8

Ⅰ. ①制…　Ⅱ. ①人…　Ⅲ. ①机械制图 – 中等专业学校 – 教材②机械学 – 中等专业学校 – 教材　Ⅳ. ①TH126②TH11

中国版本图书馆CIP数据核字（2019）第174329号

中国劳动社会保障出版社出版发行

（北京市惠新东街1号　邮政编码：100029）

*

三河市华骏印务包装有限公司印刷装订　　新华书店经销

787毫米×1092毫米　16开本　15.5印张　295千字

2019年9月第3版　　2019年9月第1次印刷

定价：29.00元

读者服务部电话：（010）64929211/84209101/64921644

营销中心电话：（010）64962347

出版社网址：http://www.class.com.cn

http://zyjy.class.com.cn

前　言

《制图与机械常识（第二版）》自 2009 年出版发行以来，在技工院校各非机械类专业中得到了广泛使用。随着科学技术和职业教育的不断发展，新的知识、新的技术、新的教育理念、新的教学方法和教学手段不断涌现，对该课程的教学也提出了新的要求。为此，人力资源社会保障部教材办公室组织全国有关院校的一线教师和行业、企业专家，对本教材进行了修订。

本次教材修订工作的重点主要有以下几个方面：

第一，坚持以能力为本位，突出职业教育特色。

充分考虑非机械类专业毕业生所从事职业的实际需要，合理确定学生应具备的知识结构与能力结构，对教材内容的深度、难度进行了有针对性的调整，着重提升学生分析、解决实际问题的能力。

第二，反映技术发展现状，执行最新国家标准。

根据机械领域专业技术的发展现状，合理更新教材内容，体现教材的先进性。在教材编写过程中，严格执行最新国家标准，保证教材的科学性和规范性。

第三，丰富教材表现形式，提高教材的可读性。

精心绘制教材插图，对部分二维平面图进行了立体化渲染，同时配置三维造型图，使教材更加图文并茂、生动形象，进一步降低了阅读和理解的难度。

第四，开发多种教学资源，提供优质教学服务。

为方便教师教学和学生学习，配套提供了电子课件，可通过职业教育教学资源和数字学习中心网站（http://zyjy.class.com.cn）下载使用。教材中还利用二维码技术提供了丰富的视频资源，包括知识内容的讲解、作图方法及步骤的演示等，覆盖了教材中主要的知识点和技能点，使用智能手机、平板电脑等移动设备扫描书中二维码即可在线观看。

本次教材改版工作得到了有关省市人力资源社会保障部门和技工院校的大力支持，在此我们表示诚挚的谢意。同时希望广大读者对教材提出宝贵的建议，以便修订时加以完善。

人力资源社会保障部教材办公室

2019 年 7 月

目 录

CONTENTS

■ **第一章 机械制图基础** 1

§1—1 制图基本规定 / 3

§1—2 投影与三视图 / 8

§1—3 基本几何体的三视图 / 15

§1—4 轴测图 / 19

§1—5 圆柱的截割与相贯 / 28

§1—6 组合体 / 32

巩固练习 / 38

■ **第二章 机械图样的表达与识读** 41

§2—1 机件的表达方法 / 41

§2—2 标准件与常用件的画法 / 51

§2—3 零件图与装配图 / 67

巩固练习 / 71

■ **第三章 AutoCAD 2018 绘图基础** 75

§3—1 AutoCAD 2018 入门 / 75

§3—2 创建基本二维图形 / 82

§3—3 绘图前的准备 / 88

§3—4 编辑图形 / 102

§3—5 绘图实例 / 109

巩固练习 / 124

■ **第四章 工程力学基础** 127

§4—1 静力学基础 / 127

§4—2 平面基本力系 / 142

§4—3　平面一般力系 / 156

巩固练习 / 162

第五章　机械传动　164

§5—1　机械与传动概述 / 164

§5—2　带传动 / 171

§5—3　螺旋传动 / 177

§5—4　链传动 / 182

§5—5　齿轮传动 / 187

§5—6　蜗轮蜗杆传动 / 194

§5—7　轮系 / 198

巩固练习 / 202

第六章　常用机构　203

§6—1　平面连杆机构 / 203

§6—2　凸轮机构 / 212

§6—3　变速机构 / 216

§6—4　换向机构 / 221

§6—5　间歇运动机构 / 222

巩固练习 / 227

第七章　液压传动与气压传动基础　228

§7—1　液压传动概述 / 228

§7—2　气压传动概述 / 236

巩固练习 / 242

第一章
机械制图基础

人类表达思想最基本的工具是语言和文字，但是在实际生产和生活中，仅用语言和文字是很难表达清楚的，这时就需要用到一种特殊的语言——图样。比如，当人们购买了笔记本电脑等产品后，常需要借助说明书上的图样才能更好地掌握其使用方法。图1—1所示为某笔记本电脑说明书中关于电脑结构说明的图样。这种表示工程对象，并有必要的技术说明的图称为图样。在机械、化工、建筑、电气等行业，进行产品设计、生产及使用过程中都离不开图样。

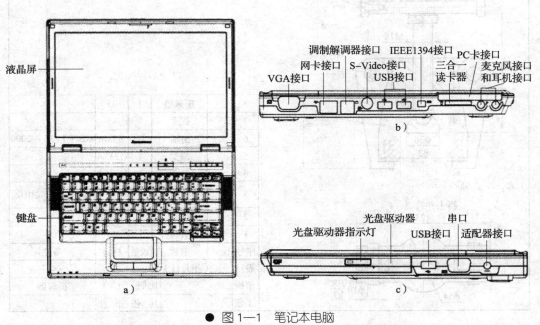

调制解调器接口　IEEE1394接口　PC卡接口
网卡接口　　S-Video接口　　　三合一　麦克风接口
VGA接口　　　USB接口　　　　读卡器　和耳机接口

b）

光盘驱动器　　串口
光盘驱动器指示灯　USB接口　适配器接口

c）

液晶屏

键盘

a）

● 图1—1　笔记本电脑
a）正面视图　b）左视图　c）右视图

在机械设计、生产中使用的图样称为机械图样。机械图样是按照投影原理绘制的，准确表达机器、部件或零件的形状、结构和大小的图样。图1—2所示为用于拆卸轴承、齿轮等零件的拆卸器。机械图样在机械设备（产品）的设计、生产、维修和使用中起着非常重要的作用。在设计和改进机械设备时，要通过机械图样将设计思想和要求详尽地表述出来。在机械制造过程中，如制造毛坯、机械加工、检验、装配等，都要以机械图

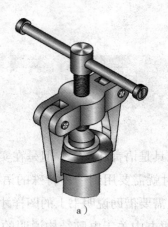

a）

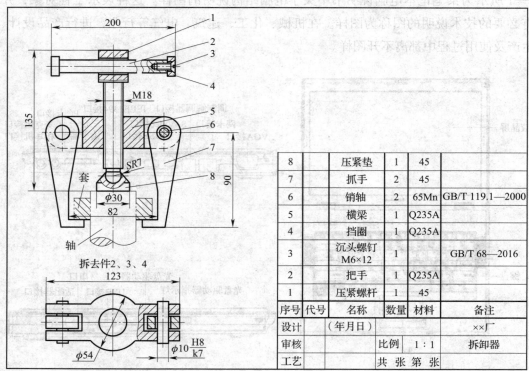

8		压紧垫	1	45	
7		抓手	2	45	
6		销轴	2	65Mn	GB/T 119.1—2000
5		横梁	1	Q235A	
4		挡圈	1	Q235A	
3		沉头螺钉 M6×12	1		GB/T 68—2016
2		把手	1	Q235A	
1		压紧螺杆	1	45	
序号	代号	名称	数量	材料	备注
设计		（年月日）			××厂
审核			比例	1：1	拆卸器
工艺			共 张 第 张		

b）

● 图1—2 拆卸器

a）实体图 b）装配图

样为依据。机械加工和维修人员需要看懂机械图样才能全面理解设计意图，并按照图样要求进行机械生产和维修。

§1—1 制图基本规定

一、图纸幅面和标题栏

1. 图纸幅面

绘制机械图样时，要根据零部件的复杂程度合理地选用图纸的幅面。图纸的基本幅面共有五种，其尺寸见表 1—1。

表 1—1　　　　　　　基本幅面尺寸（摘自 GB/T 14689—2008）　　　　　　　　mm

幅面代号	A0	A1	A2	A3	A4
尺寸 $B \times L$	841 × 1 189	594 × 841	420 × 594	297 × 420	210 × 297

2. 标题栏

在每张图纸上都必须画出标题栏，其格式如图 1—3 所示，标题栏应位于图纸的右下角。

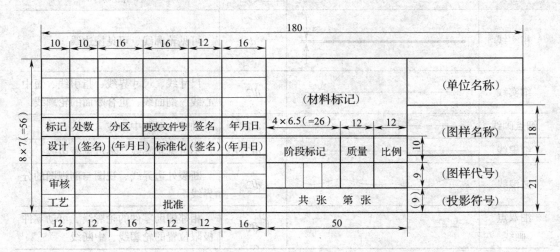

● 图 1—3　标题栏格式

二、比例

1. 比例的概念

在绘制机械图样时，需要根据机件的复杂程度将测量到的尺寸进行缩小、放大（或按原值）。图样中图形与其实物相应要素的线性尺寸之比称为比例。

2. 比例的种类

比值为 1 的比例称为原值比例，比值大于 1 的比例称为放大比例，比值小于 1 的比例称为缩小比例。绘图时，应尽量采用原值比例，采用放大比例或缩小比例时，必须符合国家标准《技术制图　比例》（GB/T 14690—1993）的规定。部分常用的绘图比例见表1—2。

表1—2　　　　　　　　常用绘图比例（摘自 GB/T 14690—1993）

原值比例	1:1				
放大比例	2:1	5:1	$1 \times 10^n:1$	$2 \times 10^n:1$	$5 \times 10^n:1$
缩小比例	1:2	1:5	$1:1 \times 10^n$	$1:2 \times 10^n$	$1:5 \times 10^n$

注：n 为正整数。

三、图线

在绘制机械图样时，常需要用不同类型的图线表达不同的含义。常用图线的名称、线型、线宽和应用见表1—3。

表1—3　　　常用图线的名称、线型、线宽和应用（摘自 GB/T 4457.4—2002）

名称	线型	线宽	一般应用
粗实线	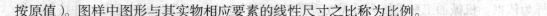	d	可见轮廓线、可见棱边线
细实线	———————	$d/2$	尺寸线、尺寸界线、指引线、短中心线、剖面线、重合断面的轮廓线
细点画线	—·—·—·—	$d/2$	轴线、对称中心线
细虚线	- - - - - -	$d/2$	不可见轮廓线、不可见棱边线
波浪线	～～～～～	$d/2$	断裂处边界线、视图与剖视图的分界线
细双点画线	—··—··—	$d/2$	相邻辅助零件的轮廓线、可动零件极限位置的轮廓线、中断线

绘制图线时应注意以下几点：

1. 粗实线的线宽 d 优先采用 0.5 mm 和 0.7 mm。

2. 粗线与细线的线宽比为 2:1。手工绘图时，同一图样中同类图线的宽度应保持一致，细虚线、细点画线、细双点画线的画长也应分别一致。

3. 手工绘图时，细点画线、细双点画线的点绘制成长约 1 mm 的短线，细虚线、细点画线和细双点画线上的间隔约为 1 mm，细虚线的画长为 4 mm 左右，细点画线和细双点画线的画长为 16 mm 左右。

4. 习惯上，细点画线超出轮廓线 2 ~ 5 mm。当图形较小，绘制细点画线有困难时，可绘制细实线。

5. 细虚线、细点画线相交时，应尽量交在画上，如图 1—4 所示。

● 图1—4　图线的画法

四、尺寸标注

物体的大小由图形上标注的尺寸确定。标注尺寸时，必须严格遵守国家标准的有关规定，保证看图者都能读懂图样上的尺寸，而不会产生误解或歧义。

1. 尺寸的组成

如图 1—5 所示，一个完整的尺寸由尺寸界线、尺寸线和尺寸数字三个要素组成。

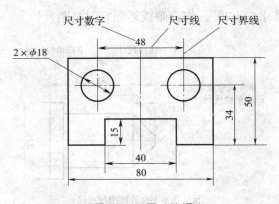

● 图1—5　尺寸的组成

（1）尺寸界线

尺寸界线表示尺寸的起始和终止位置，用细实线绘制，它由图形的轮廓线、对称中心线、轴线等处引出，也可利用图形的轮廓线、轴线、对称中心线作为尺寸界线。

（2）尺寸线

尺寸线也用细实线绘制，但尺寸线不能用其他图线代替，一般也不得与其他图线重合或画在其他图线延长线上。

尺寸线的终端有两种形式，如图 1—6 所示。图 1—6a 为箭头终端形式（图中 d 为粗实线宽度），图 1—6b 为斜线终端形式（图中 h 为尺寸数字的高度）。一般情况下，机械、电气图样多采用箭头终端形式。

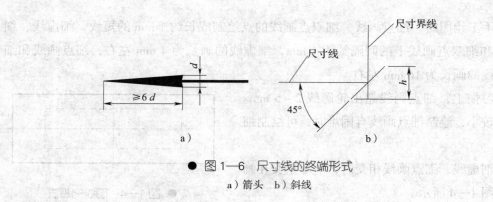

● 图1—6　尺寸线的终端形式

a）箭头　b）斜线

（3）尺寸数字

尺寸数字有线性尺寸数字和角度尺寸数字两种，如图1—7所示。标注尺寸数字时应遵循以下规则：

1）在机械图样中，线性尺寸一般以mm作为尺寸单位，在图中不标单位代号；角度尺寸一般以"°""′""″"为单位，需要标单位代号，如图1—7中的角度尺寸"90°"。

2）尺寸数字不允许被任何图线所通过，当无法避免时，可将图线在尺寸数字处断开，如图1—7中的尺寸"$\phi 20$"，细点画线遇到它时被断开。

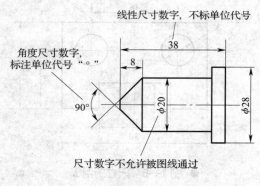

● 图1—7　尺寸数字的标注

2. 尺寸标注的基本规则

（1）机件的真实大小应以图样上所标注的尺寸数值为依据，与图形的大小及绘图的准确度无关。

（2）图样中所标注的尺寸为该图样所示机件的最后完工尺寸，否则应另加说明。

（3）机件的每一尺寸一般只标注一次，并应标注在反映该结构最清楚的图形上。

3. 常见尺寸注法

在图样上经常标注的尺寸有线性尺寸、角度尺寸、圆及圆弧尺寸、小尺寸等。常用尺寸的注法见表1—4。

表 1—4 常用尺寸注法示例

标注内容	示例	说明
线性尺寸	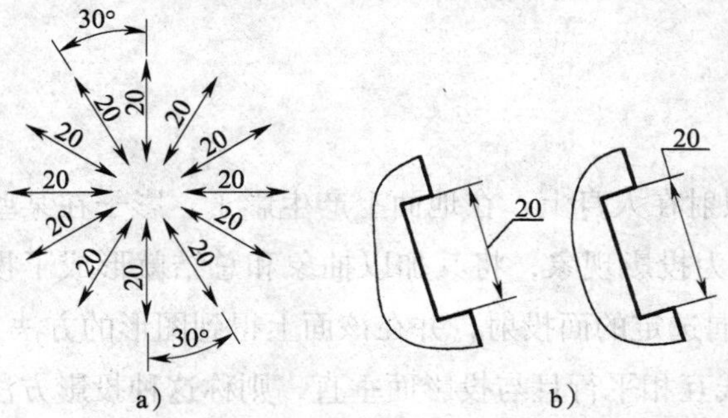	水平方向的线性尺寸,尺寸数字注写在尺寸线上方,字头朝上;竖直方向的线性尺寸,尺寸数字注写在尺寸线左侧,字头朝左;倾斜方向的线性尺寸,尺寸数字的字头应有向上的趋势,如图a所示。尽量避免在图示30°范围内标注尺寸。当无法避免时,可按图b的形式标注
角度尺寸	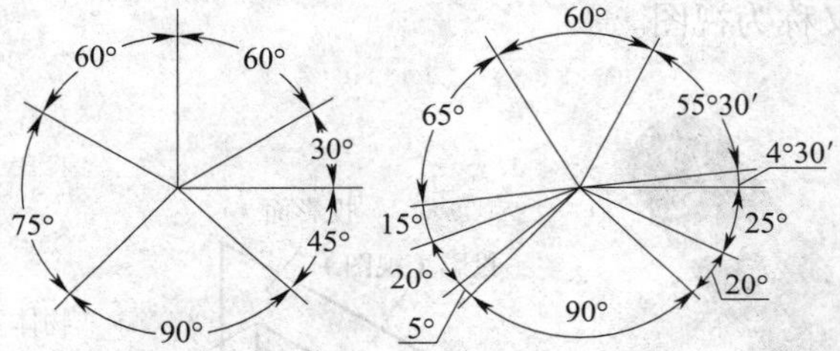	角度尺寸的尺寸数字一律水平书写,一般注写在尺寸线的中断处,必要时可注写在尺寸线的上方、外面或引出标注
圆及圆弧尺寸 直径	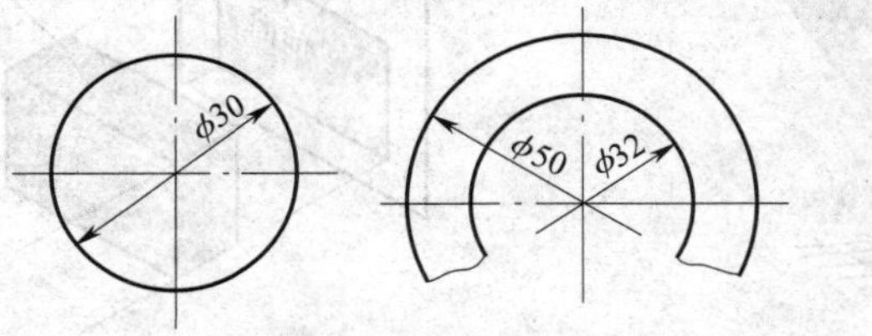	标注圆的直径时,应在尺寸数字前加注符号"φ",尺寸线的终端应绘制成箭头。大于半圆的圆弧应标注直径
圆及圆弧尺寸 半径	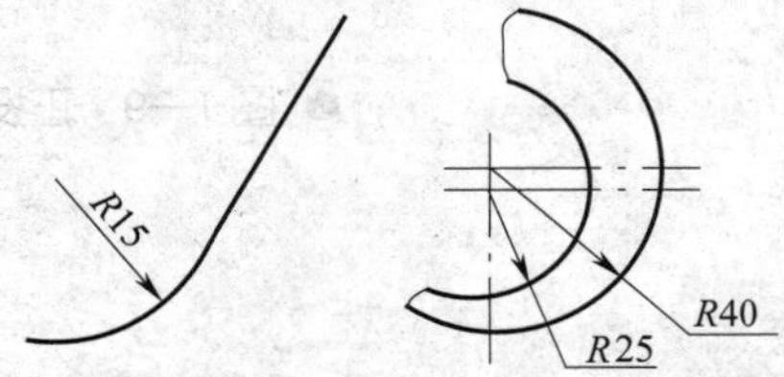	标注圆弧的半径时,应在尺寸数字前加注字母"R",尺寸线上的单箭头指向圆弧
小尺寸	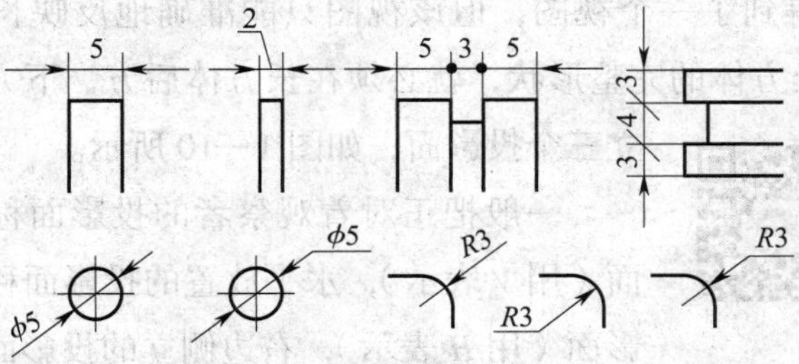	没有足够空间时,箭头可绘制在外面,也可用小圆点或斜线代替箭头;尺寸数字可注写在图形外面或引出标注
球面尺寸	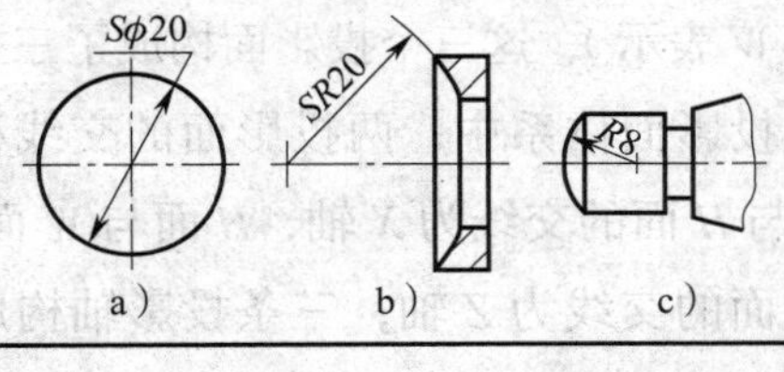	标注球面的直径或半径尺寸时,应在符号"φ"或"R"前再加注字母"S",如图a、b所示。在不致引起误解时,也可省略符号"S",如图c所示

7

§1—2 投影与三视图

一、投影及正投影法

如图 1—8 所示，太阳光照射在人身上，在地面上产生影子。影子在某些方面反映了人的形状特征，这种现象称为投影现象，将其加以抽象和总结就形成了投影法。投影法就是指投射线通过物体，向选定的面投射，并在该面上得到图形的方法，如图 1—9 所示。在投影时，如果投射线互相平行且与投影面垂直，则称这种投影方法为正投影法，得到的图形称为正投影，又称为视图。

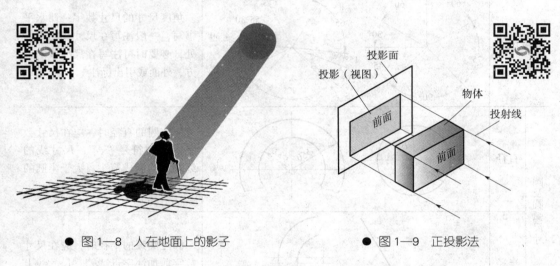

● 图1—8 人在地面上的影子   ● 图1—9 正投影法

二、三投影面体系的建立

图 1—9 中，用正投影法得到了一个视图，但该视图只能准确地反映长方体前面（或后面）的形状。要想表达长方体的完整形状，就必须在长方体后方、下方和右侧设立三个投影面，如图 1—10 所示。

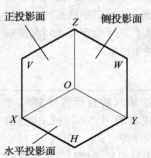

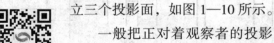

一般把正对着观察者的投影面称为正投影面（用 V 表示），水平放置的投影面称为水平投影面（用 H 表示），右边侧立的投影面称为侧投影面（用 W 表示），这三个投影面构成了三投影面体系。

在三投影面体系中，两投影面的交线称为投影轴。其中，V 面与 H 面的交线为 X 轴，H 面与 W 面的交线为 Y 轴，V 面与 W 面的交线为 Z 轴；三条投影轴构成了一个空间直

● 图1—10 三投影面体系

角坐标系，三轴的交点称为坐标原点（用 O 表示）。

三、三视图的形成

将物体放在三投影面体系中，用正投影法分别向三个投影面投射，得到物体的三视图，如图 1—11 所示。

主视图：将物体由前向后向正投影面投射得到的视图称为主视图。

俯视图：将物体由上向下向水平投影面投射得到的视图称为俯视图。

左视图：将物体由左向右向侧投影面投射得到的视图称为左视图。

为了能在一张图纸上同时绘制这三个视图，还需要将三个投影面展开。三投影面体系的展开过程如图 1—12 所示，其正投影面不

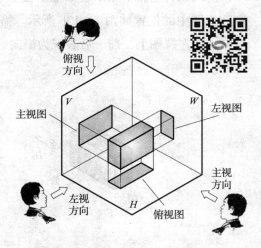

● 图 1—11 三视图的形成

动，水平投影面沿 X 轴向下旋转 90°，侧投影面沿 Z 轴向右旋转 90°。三投影面体系展开时，Y 轴变成了两条，随着 H 面的称为 Y_H 轴，随着 W 面的称为 Y_W 轴。在绘制三视图时，可不画投影面，只画投影轴。

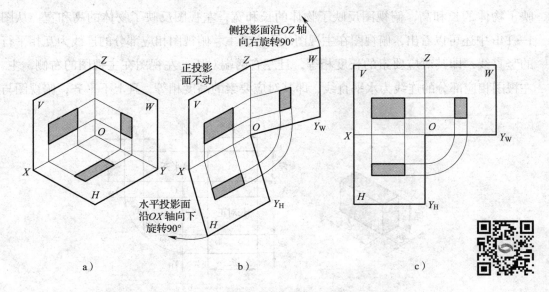

● 图 1—12 三投影面体系的展开

a）在空间位置的三投影面体系　b）三投影面体系的展开过程　c）三投影面体系展开后

四、三视图的投影规律

空间物体有前、后、左、右、上、下六个方位，如图 1—13a 所示。物体六个方位在三视图中的位置如图 1—13b 所示。需要特别注意的是：在俯视图上，前、后表现为纵向；在左视图上，前、后表现为横向。

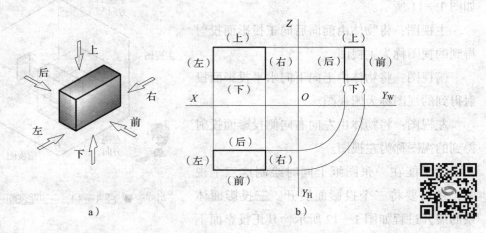

a)　　　　　　　　　　　　b)

● 图 1—13　立体图与三视图的方位对照

a) 立体图　b) 三视图

图 1—14 表达的为三视图之间的位置关系，对比分析图 1—14a、b 可见，主视图反映了物体的长和高，俯视图反映了物体的长和宽，左视图反映了物体的高和宽。从图 1—14b 中还可以看出，俯视图在主视图的下方，主、俯视图相应部分的连线为互相平行的竖直线，即其对应要素的长度相等，且左右两端对正；左视图在主视图的右侧，主、左视图相应部分的连线为水平直线，即其对应要素的高度相等，且上下平齐；俯视图与

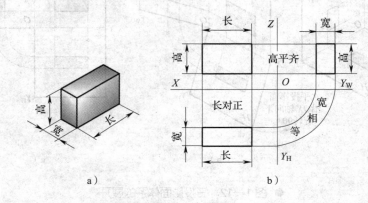

a)　　　　　　　　　　　　b)

● 图 1—14　三视图的投影规律

a) 立体图　b) 三视图

左视图均反映物体的宽度，所以俯、左视图对应部分的宽度相等。因此，可归纳出三视图的投影规律：

　　主、俯视图长对正；

　　主、左视图高平齐；

　　俯、左视图宽相等。

【例1】如图1—15所示为沙发的实物图和简化外形图，下面根据简化外形图绘制三视图。

（1）分析形体

在绘制或识读三视图时，首先要进行形体分析。沙发由靠背和底座两部分组成，它们都是长方体，靠背和底座的长度相等，靠背叠加在底座之上。

（2）绘制三视图

沙发三视图的作图方法和步骤见表1—5。

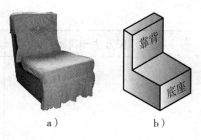

● 图1—15　沙发
a）实物图　b）简化外形图

表 1—5　　　　　　　　　　　　　　沙发三视图的作图方法和步骤

作图方法和步骤	图例
1）测量底座的长和高，绘制底座的主视图 2）测量底座的宽，并根据"长对正"的投影规律绘制底座的俯视图	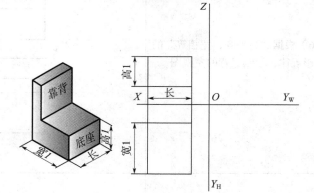
3）根据"高平齐，宽相等"的投影规律，绘制底座的左视图	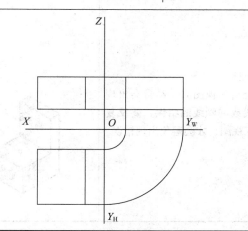

续表

作图方法和步骤	图例
4）测量靠背的高，绘制靠背的主视图 5）测量靠背的宽，绘制靠背的俯视图	
6）根据"高平齐，宽相等"的投影规律，绘制靠背的左视图	
7）校核三视图 在绘制三视图时，经常会出现多画线或漏画线的错误，要反复校核三视图，才会避免出现错误	

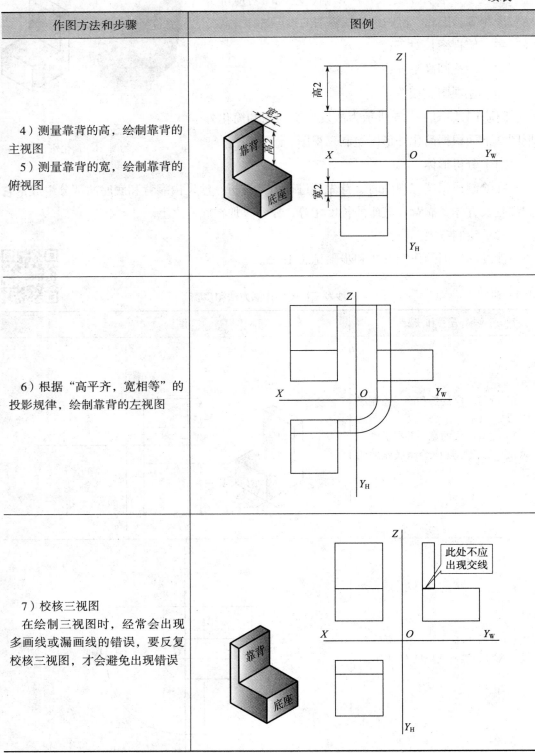

续表

作图方法和步骤	图例
8）擦除作图线，用粗实线描深轮廓线，完成三视图	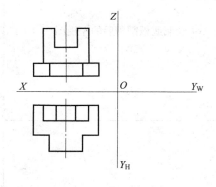

【例2】图1—16所示为支架的主、俯视图，下面根据其两视图想象立体形状，补画左视图。

（1）分析形体

分析支架的主、俯视图可知，该形体由底板和竖板组成。底板和竖板的外形皆为长方体，在竖板上割了一个矩形槽，在底板的左前方和右前方各切割了一个小长方体。

（2）补画左视图

支架左视图的作图方法和步骤见表1—6。

● 图1—16 支架的主、俯视图

表1—6 支架左视图的作图方法和步骤

作图方法和步骤	图例
1）绘制底板（割角前）的左视图	

续表

作图方法和步骤	图例
2）绘制竖板（开槽前）的左视图	
3）绘制底板割角后的左视图	
4）绘制竖板开槽后的左视图（不可见棱边线用细虚线绘制）	
5）检查校核，用粗实线描深可见棱边线，用细虚线描深不可见棱边线	

§1—3 基本几何体的三视图

任何复杂的物体都可以认为是由一些简单的基本几何体组成的。常见的基本几何体有棱柱、棱锥、圆柱、圆锥、球等。其中，棱柱和棱锥为平面立体，圆柱、圆锥和球为曲面立体，如图 1—17 所示。

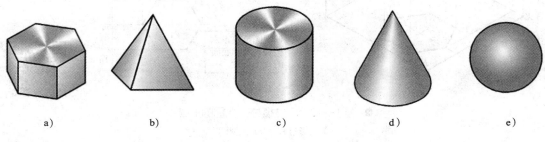

　a)　　　　　　b)　　　　　　c)　　　　　　d)　　　　　　e)

● 图 1—17　基本几何体

一、正六棱柱

图 1—18 所示为正六棱柱，它由顶面、底面和六个侧面组成，其顶面和底面为正六边形，六个侧面均为全等的矩形，棱线互相平行且与底面和顶面垂直。

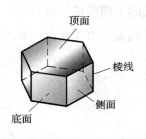

● 图 1—18　正六棱柱

如图 1—19a 所示，将正六棱柱分别向正投影面、水平投影面和侧投影面投射，可得到其三视图，如图 1—19b 所示。图示位置的正六棱柱的投影特性为：

俯视图为正六边形，反应正六棱柱顶面和底面的真实形状。

主视图为三个矩形，中间的大矩形反应侧面的真实形状，其他两个矩形不反映侧面的真实形状。

左视图为两个矩形，是左右两边侧面的投影。绘图时，其宽度需要根据"宽相等"的投影规律获得。

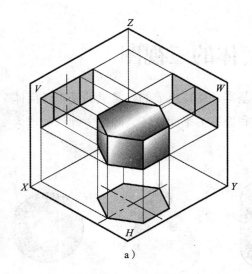

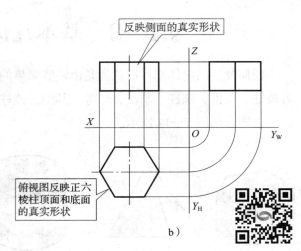

反映侧面的真实形状

俯视图反映正六棱柱顶面和底面的真实形状

● 图1—19　正六棱柱三视图的形成

a）投影过程　b）三视图

二、正四棱锥

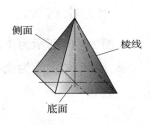

● 图1—20　正四棱锥

正四棱锥的结构如图1—20所示，其底面为正方形，四个侧面均为等腰三角形，两侧面间的交线（即棱线）汇交于一点。

如图1—21a所示，将正四棱锥向三投影面投射，可得到图1—21b所示的三视图。图示位置的正四棱锥的投影特性为：

俯视图上的矩形线框表达了底面的真实形状，四个三角形是侧面的投影。

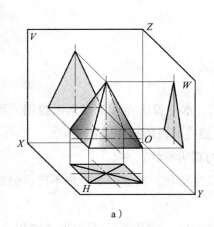

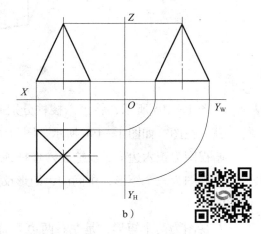

● 图1—21　正四棱锥三视图的形成

a）投影过程　b）三视图

主视图上的三角形是前、后两个侧面的投影，左视图上的三角形是左、右两个侧面的投影。

三、圆柱

如图 1—22 所示，圆柱面可看作一条直母线绕着与它平行的一条轴线旋转一周而形成。圆柱面在其垂直于轴线的投影面上投射为圆。母线在任意一个位置时称为素线。

圆柱体由一个圆柱面和两个圆形的端面（即顶面和底面）围成，如图 1—23a 所示。在图 1—23a 所示的圆柱面上有四条特殊位置的素线，分别为最前素线、最后素线、最左素线、最右素线。

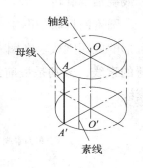

● 图 1—22　圆柱面的形成

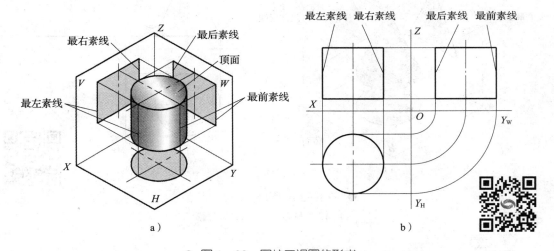

a）　　　　　　　　　　　　　b）

● 图 1—23　圆柱三视图的形成

a）圆柱的投影　b）圆柱的三视图

如图 1—23a 所示，将圆柱向三投影面投射，可得到图 1—23b 所示的三视图。圆柱在这个位置的投影特性为：

圆柱的水平投影为圆，圆围成的区域为两端面的投影，圆周为圆柱面的积聚投影。

圆柱的正面投影为矩形线框，其中的两条竖线分别为圆柱面最左素线和最右素线的投影（最左素线和最右素线是圆柱面的前、后分界线），两条横线为两端面的投影。

圆柱的侧面投影为矩形线框，虽然其形状与主视图相同，但是含义不同。其中的两条竖线分别为圆柱面最前素线和最后素线的投影。

四、圆锥

如图1—24所示，圆锥面可看作一条与轴线相交的直母线绕轴线旋转一周而形成。

圆锥的形状如图1—25a所示，它由一个圆锥面和一个圆形的底面围成。在图1—25a所示圆锥面上有四条特殊位置的素线，分别是最前素线、最后素线、最左素线、最右素线。

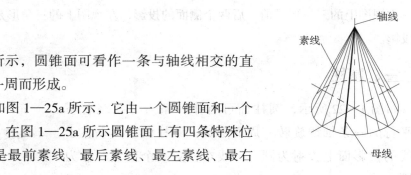

● 图1—24　圆锥面的形成

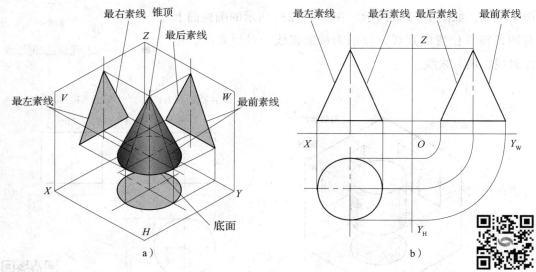

● 图1—25　圆锥三视图的形成

a）圆锥的投影　b）圆锥的三视图

如图1—25a所示，将圆锥向三投影面投射，可得到图1—25b所示的三视图。圆锥在这个位置的投影特性为：

圆锥的水平投影为圆，圆围成的区域既是圆锥面的投影，也是底面的投影。

圆锥的正面投影为等腰三角形，其中两腰为圆锥面最左素线和最右素线的投影，下面的横线为底面的投影。

圆锥的侧面投影为与主视图相同的等腰三角形，两腰为圆锥面最前素线和最后素线的投影。

五、球

如图1—26所示，球面可看作一个半圆形母线绕通过圆心的轴线旋转一周而形成。

在球面上有三条特殊位置的素线，分别称为前、后半球分界圆，左、右半球分界圆，上、下半球分界圆。

如图 1—27a 所示，将球向三投影面投射，可得到球的三面投影，如图 1—27b 所示。球的三面投影分别为三条特殊位置素线的投影，其中正面投影为前、后半球分界圆的投影，水平投影为上、下半球分界圆的投影，侧面投影为左、右半球分界圆的投影。

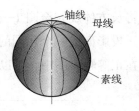

● 图 1—26 球面的形成

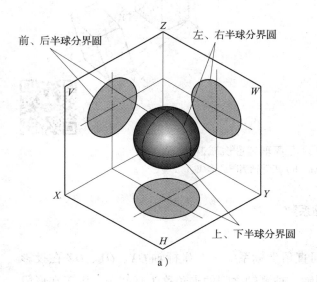

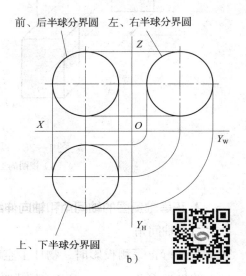

● 图 1—27 球三视图的形成

a）球的投影 b）球的三视图

§1—4 轴测图

轴测图是一种立体图，是物体在平行投影下形成的一种单面投影图。由于轴测图能在一个图形上同时反映物体长、宽、高三个方向的形状，所以具有较好的直观性。常用的轴测图有正等轴测图和斜二等轴测图，简称正等测和斜二测。

一、正等轴测图

1. 正等轴测图的形成

如图 1—28a 所示，在长方体上建立空间直角坐标系 $O–XYZ$，使长方体的前面和正投影面平行，用正投影的方法得到主视图。此时，长方体上的空间直角坐标系的三个坐标轴和投影面的关系是：OX 轴和 OZ 轴平行于正投影面，OY 轴垂直于正投影面。如果将长方体旋转至图 1—28b 所示位置，使空间直角坐标系的三个坐标轴 OX、OY、OZ 和正投影面成一个相同的夹角（约为 35°16′），再进行正投影，即得正等轴测图。很显然，在正等轴测图中，可以同时反映长方体前面、上面和左面的形状。

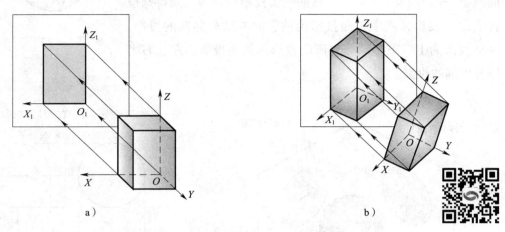

● 图 1—28　视图与正等轴测图形成过程比较

a）视图的形成　b）正等轴测图的形成

2. 正等轴测图的轴间角和轴向伸缩系数

（1）轴间角

在进行正等测投影时，物体上空间直角坐标系的三个坐标轴 OX、OY、OZ 在投影面上的投影 O_1X_1、O_1Y_1、O_1Z_1 称为轴测轴，轴测轴之间的夹角称为轴间角。由于在形成正等轴测图时，空间直角坐标系的各坐标轴和投影面的夹角相等，所以正等轴测图的轴间角皆为 120°，即 $\angle X_1O_1Z_1 = \angle Y_1O_1Z_1 = \angle X_1O_1Y_1 = 120°$，如图 1—29 所示。

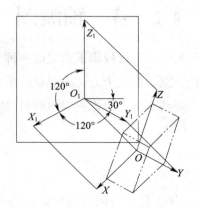

● 图 1—29　正等轴测图的轴间角

（2）轴向伸缩系数

轴测轴上单位长度与相应投影轴上单位长度的比值称为轴向伸缩系数。由于空间直角坐标系中各坐标轴和投影面倾斜，所以和空间直角坐标系中各坐标轴平行的线段，在正等轴测图上要缩短。通过计算可得，三个轴测轴的轴向伸缩系数为 0.82。为了作图方便，将正等轴测图的轴向伸缩系数简化为 1。

3. 长方体正等轴测图的画法

长方体的主、俯视图如图 1—30 所示，下面以此为例分析正等轴测图的画法。

首先选取长方体的后、下、右顶点作为坐标原点，如图 1—30 所示，然后绘制轴测轴，再依次绘制底面、竖棱和顶面的轴测图，具体作图方法和步骤见表 1—7。

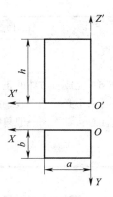

● 图 1—30 长方体的主、俯视图

表 1—7　　　　长方体正等轴测图的作图方法和步骤

作图方法和步骤	图例
（1）绘制轴测轴 将 O_1Z_1 轴画成铅垂线，将 O_1X_1 轴、O_1Y_1 轴画成与水平方向成 30° 角 （2）绘制底面 分别量取长方体的长度尺寸 a 和宽度尺寸 b，按 1:1 的比例在相应的轴测轴上截取，绘制长方体底面的正等轴测图	
（3）绘制竖棱 从底面四个顶点分别绘制平行于 O_1Z_1 轴的平行线，并按 1:1 的比例取其高度 h	
（4）绘制顶面 连接顶面各点，即得顶面的正等轴测图	

续表

作图方法和步骤	图例
（5）完成长方体的正等轴测图 擦去不必要的图线，加深可见轮廓线 注意：轴测图一般只绘制物体可见部分的轮廓	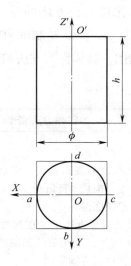

4. 圆柱正等轴测图的画法

直立圆柱的主、俯视图如图 1—31 所示，下面绘制其正等轴测图。

三视图上平行于坐标面的正方形，在正等轴测图中投影为菱形；三视图上平行于坐标面的圆，在正等轴测图中投影为内切于菱形的椭圆。选取顶面的圆心为原点，在俯视图上作圆的外接正方形，得切点 a、b、c、d，如图 1—31 所示。绘制椭圆时可采用"四心法"，即用四段光滑连接的圆弧近似代替椭圆。直立圆柱正等轴测图的作图方法和步骤见表 1—8。

当圆柱轴线垂直于侧投影面或正投影面时，轴测图的画法与直立圆柱相同，其图形如图 1—32 所示。

● 图 1—31 直立圆柱的主、俯视图

表 1—8　　　　　　　　直立圆柱正等轴测图的作图方法和步骤

作图方法和步骤	图例
（1）绘制轴测轴 O_1X_1、O_1Y_1、O_1Z_1 （2）绘制顶圆外切正方形的正等轴测图（菱形） 　作出切点 a、b、c、d 的轴测投影 A、B、C、D，过这四个点分别作 O_1X_1、O_1Y_1 轴的平行线，得顶圆外切正方形的正等轴测图（菱形）	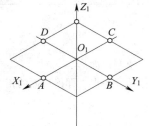

作图方法和步骤	图例
（3）绘制上、下圆弧 以菱形短对角线的顶点 1、2 为圆心，1C 为半径画圆弧 $\overset{\frown}{CD}$ 和 $\overset{\frown}{AB}$	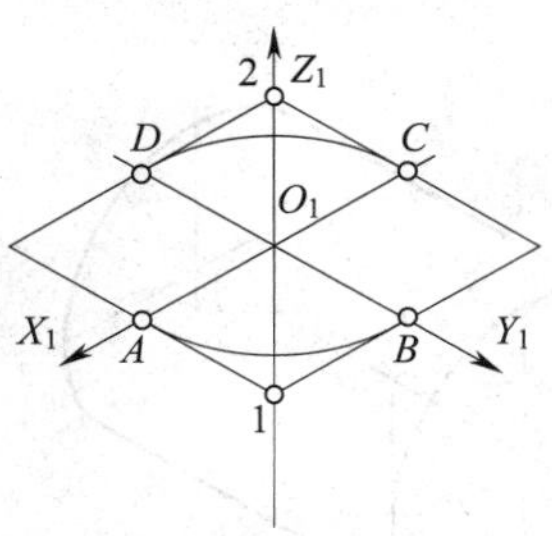
（4）求作左、右圆弧的圆心 画菱形的长对角线，连接 1C、1D（或 2A、2B），交菱形的长对角线于 3、4 两点 （5）绘制左、右圆弧 以 3、4 为圆心，3B 为半径画圆弧 $\overset{\frown}{BC}$ 和 $\overset{\frown}{DA}$，即得顶圆的正等测投影（轴测椭圆）	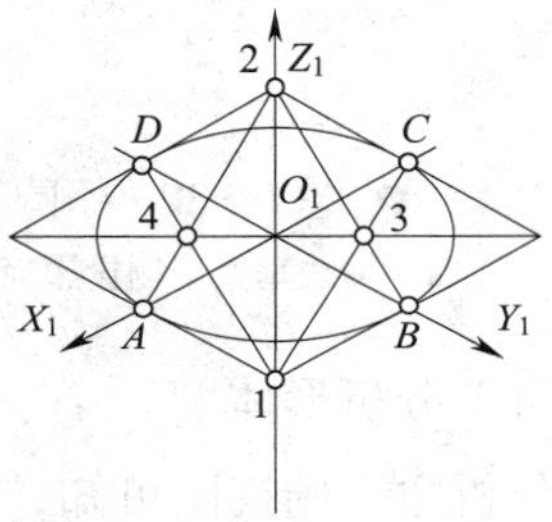
（6）绘制底圆的正等轴测图 将椭圆的三个圆心（2、3、4）向下平移高度 h，作出下底面椭圆（下底面椭圆不可见的一半圆弧不必画出）	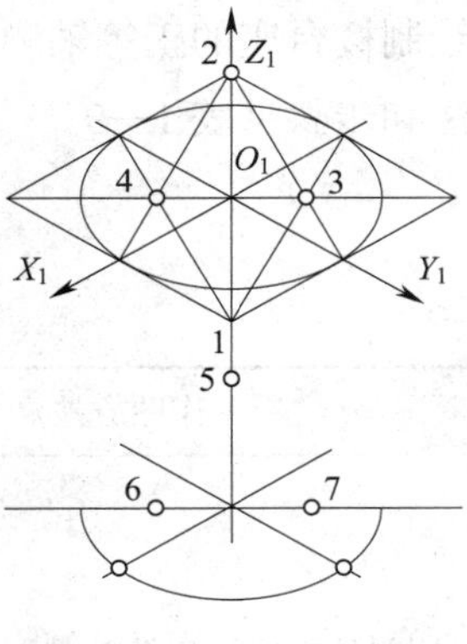
（7）作两椭圆的公切线 （8）擦除作图线，绘制轴线和中心线，描深可见轮廓线	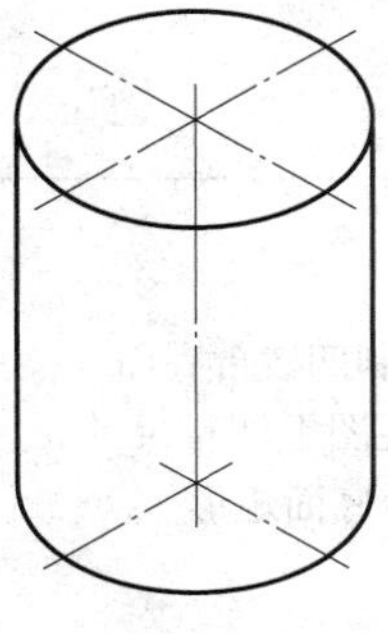

【例3】看懂图1—33所示棱台座的主、俯视图，画出其正等轴测图。

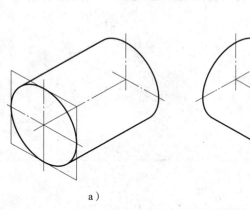

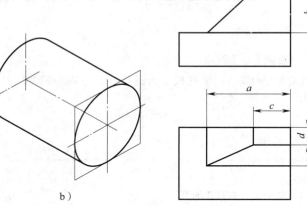

● 图1—32　不同方向圆柱的正等轴测图

a）轴线垂直于侧投影面　b）轴线垂直于正投影面

● 图1—33　棱台座的主、
　　　　　　俯视图

（1）分析形体

分析主、俯视图可知，该形体由上下两部分组成，下部为长方体，上部为四棱台。

（2）绘制正等轴测图

绘制棱台座的正等轴测图时，可先绘制下部长方体，然后再绘制上部四棱台，其作图方法和步骤见表1—9。

表1—9　　　　　　　　　　　　　棱台座正等轴测图的作图方法和步骤

作图方法和步骤	图例
1）绘制长方体的正等轴测图	
2）绘制四棱台底面 在俯视图上测量尺寸 a、b，然后在正等轴测图上绘制四棱台底面矩形	

作图方法和步骤	图例
3）绘制四棱台顶面 首先在主视图上测量四棱台的高度 h，找到四棱台顶面右后顶点在正等轴测图上的位置，然后再在俯视图上测量尺寸 c、d，绘制顶面的正等轴测图	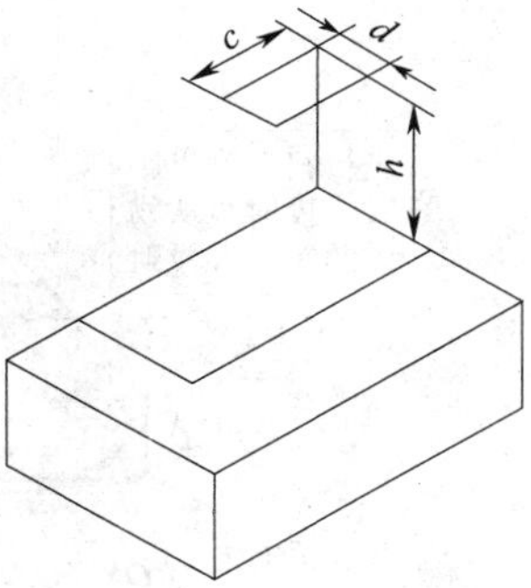
4）完成四棱台 连接四棱台各可见棱边线	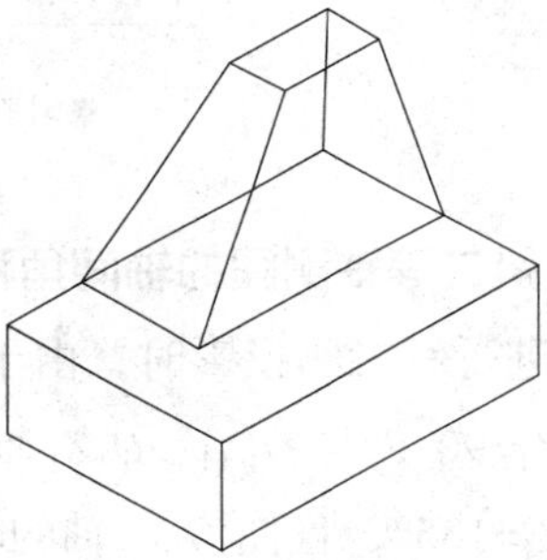
5）完成棱台座的正等轴测图 擦去不必要的图线，加深可见轮廓线	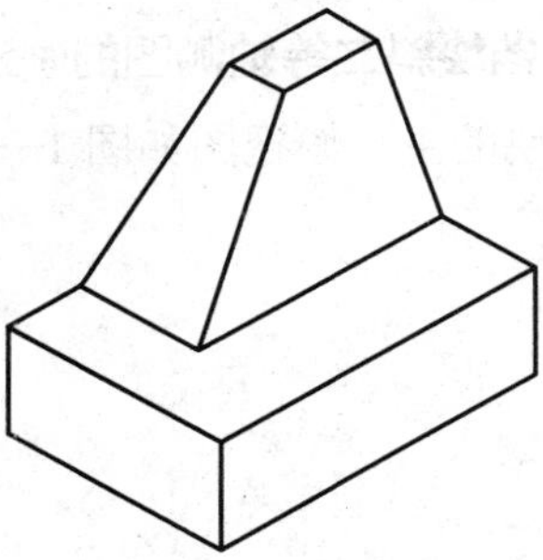

二、斜二等轴测图

1. 斜二等轴测图的形成

斜二等轴测图的形成过程如图 1—34 所示，投射线从物体的左斜上方投射，同时通过物体的前面、左面、上面。不难看出，斜二等轴测图的投射线与投影面倾斜，这种投影方法称为斜投影法。

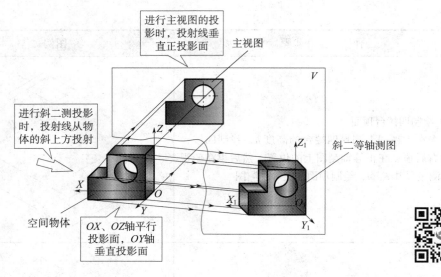

进行主视图的投影时，投射线垂直正投影面

主视图

进行斜二测投影时，投射线从物体的斜上方投射

斜二等轴测图

空间物体

OX、OZ轴平行投影面，OY轴垂直投影面

● 图1—34 斜二等轴测图的形成过程

2. 斜二等轴测图的轴间角和轴向伸缩系数

在进行斜二测投影时，由于 OX、OZ 轴和投影面平行，所以斜二等轴测图的轴间角 $\angle X_1O_1Z_1=90°$，且 O_1X_1、O_1Z_1 轴的轴向伸缩系数都为1。调整投影方向，可使 $\angle X_1O_1Y_1=\angle Y_1O_1Z_1=135°$，且使 O_1Y_1 轴的轴向伸缩系数为 1/2，如图1—35所示。因此，在三视图宽度方向上量取的尺寸，在画斜二等轴测图时应减半。

3. 挡块斜二等轴测图的画法

挡块的主、俯视图如图1—36所示，下面绘制其斜二等轴测图。

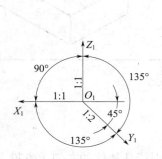

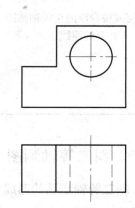

● 图1—35 斜二等轴测图的轴间角和轴向伸缩系数

● 图1—36 挡块的主、俯视图

挡块斜二等轴测图的作图方法和步骤见表1—10。

表1—10	挡块斜二等轴测图的作图方法和步骤		
作图方法和步骤	图例	作图方法和步骤	图例
（1）在挡块的主、俯视图中绘制出坐标轴的投影	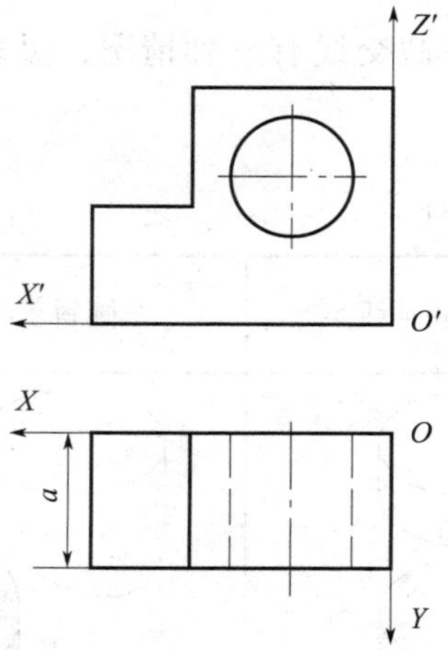	（2）绘制轴测轴O_1X_1、O_1Y_1、O_1Z_1	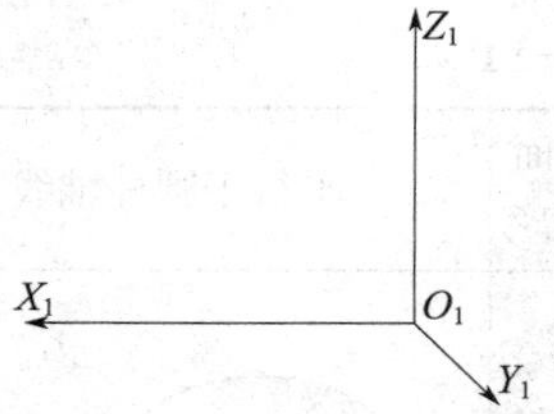
（3）绘制挡块前面的斜二等轴测图	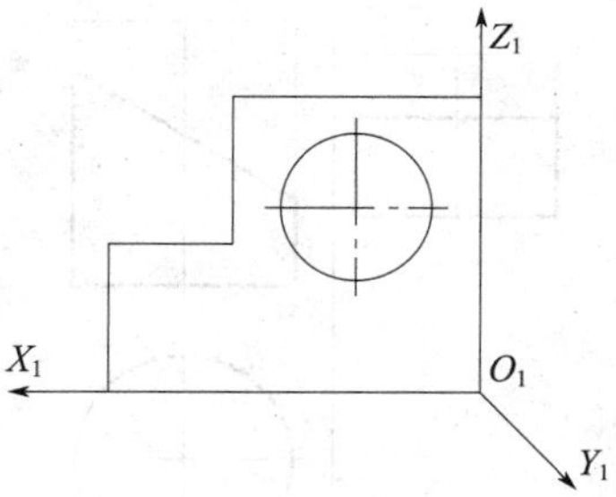	（4）从前面的各个顶点绘制平行于O_1Y_1轴的直线，并按$a/2$取其宽度	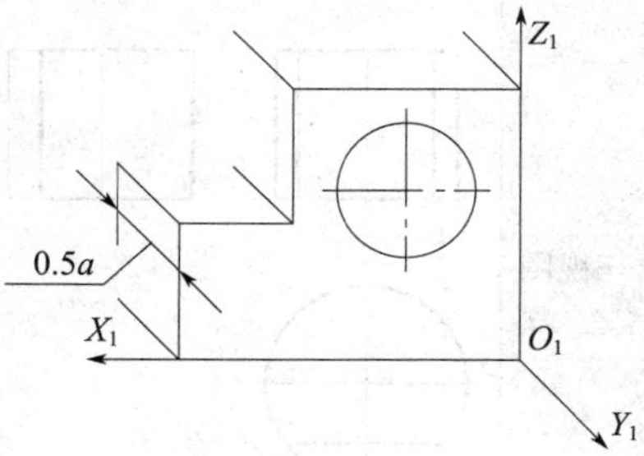
（5）依次连接后面各可见顶点，绘制圆孔后面轮廓圆可见部分的投影	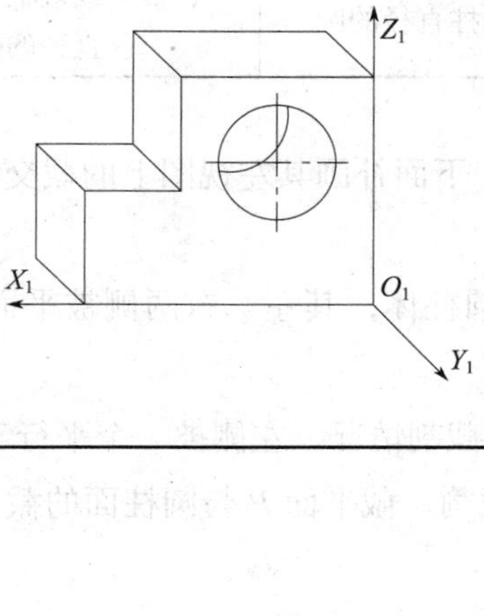	（6）擦去不必要的图线，加深可见轮廓线，即得挡块的斜二等轴测图	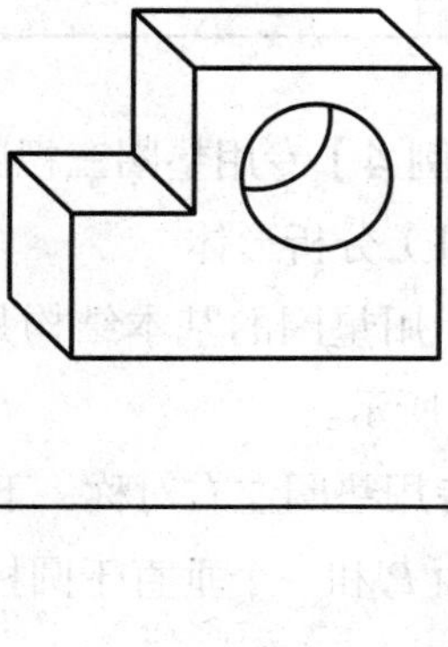

§1—5 圆柱的截割与相贯

一、圆柱的截割

平面截割曲面立体而产生的交线称为截交线，常见的是圆柱截交线。根据截平面与圆柱轴线的相对位置不同，圆柱截交线有三种情况，见表1—11。

表1—11　　　　　　　　　　　　平面截割圆柱

截平面位置	平行于圆柱轴线	垂直于圆柱轴线	倾斜于圆柱轴线
立体图	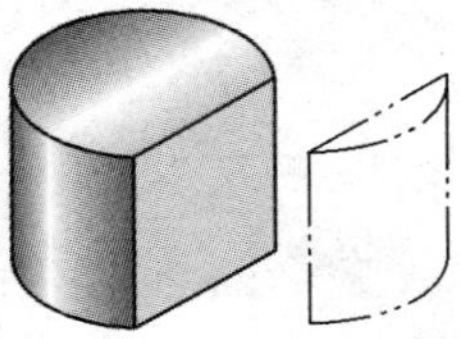	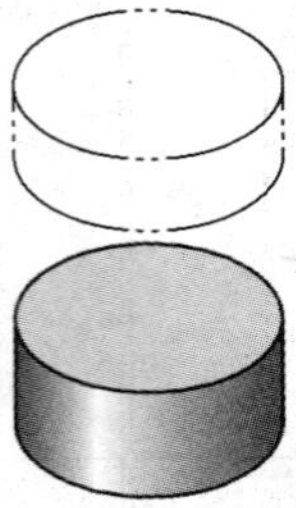	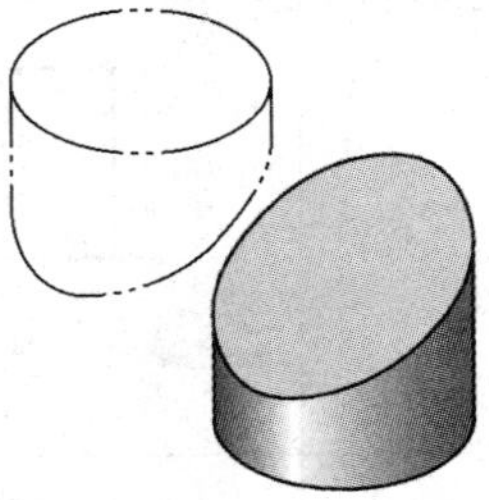
三视图	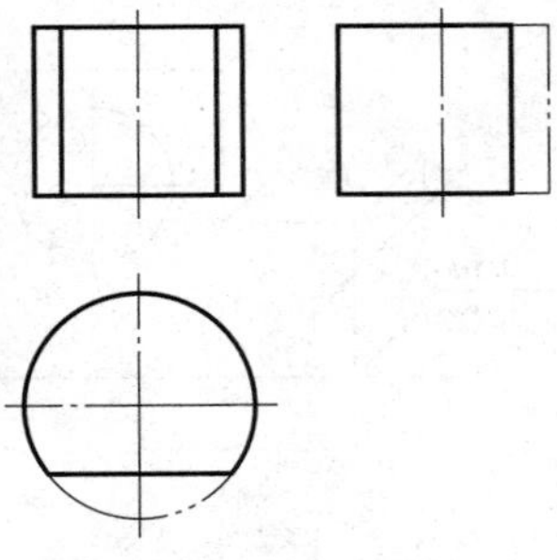	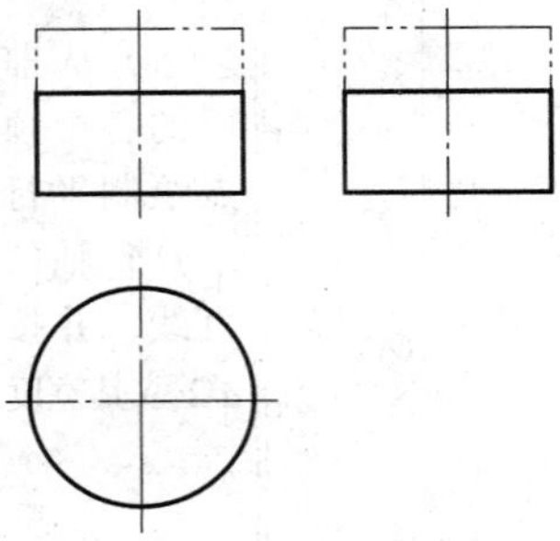	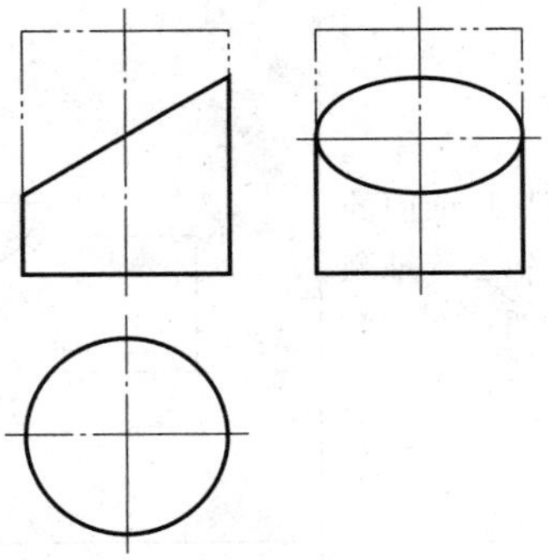
截交线形状	两条互相平行的素线	直径等于圆柱直径的圆	长轴（或短轴）等于圆柱直径的椭圆

【例4】专用垫圈三视图如图1—37所示，下面补画其左视图上的截交线。

（1）分析形体

专用垫圈的基本结构是一个带有圆孔的圆柱体，其左、右两侧被平面截割，如图1—38所示。

专用垫圈左右对称，下面以左侧为例分析截割情况。左侧被一个平行于圆柱轴线的侧平面 *P* 和一个垂直于圆柱轴线的水平面 *T* 截割。截平面 *P* 与圆柱面的截交线为 *AD* 和

BC。截平面 T 与圆柱面的截交线为圆弧 $\overset{\frown}{CMD}$，其水平投影反映其实形，正面投影和侧面投影积聚成横线。

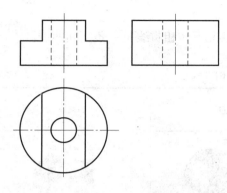

● 图 1—37　补画专用垫圈的截交线

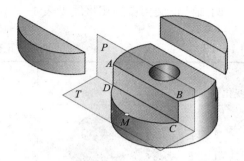

● 图 1—38　专用垫圈形体分析

（2）绘制左视图上的截交线

绘制专用垫圈左视图上截交线的方法和步骤见表 1—12。

表 1—12　　　　　　　　　绘制专用垫圈左视图上截交线的方法和步骤

方法和步骤	图例
1）绘制平面 P 与圆柱面截交线的侧面投影 找出截交线的正面投影（"$b'c'$" 或 "$a'd'$"）和水平投影［"$b(c)$" 或 "$a(d)$"］，利用投影规律求作截交线的侧面投影 $b''c''$ 和 $a''d''$	
2）绘制平面 T 与圆柱面的截交线 $\overset{\frown}{CMD}$ 的侧面投影 截交线 $\overset{\frown}{CMD}$ 为一段圆弧，其水平投影为圆弧，正面投影为直线，侧面投影也为直线	

注：一般情况下，空间点用大写拉丁字母表示，如 A、B 等；点的水平投影用相应的小写字母表示，如 a、b 等；点的正面投影用相应的小写字母加 "'" 表示，如 a'、b' 等；点的侧面投影用相应的小写字母加 "″" 表示，如 a''、b'' 等。

二、圆柱的相贯

1. 圆柱相贯线的类型

两圆柱正交相贯的相贯线见表 1—13。一般情况下，相贯线是一条空间曲线。

表 1—13　　　　　　　　　　　两圆柱正交相贯的相贯线

尺寸变化	$D_1 > D_2$	$D_1 = D_2$	$D_1 < D_2$
立体图			
三视图		相贯线为平面曲线：椭圆	

2. 常见圆柱穿孔的相贯线

圆柱穿孔的相贯线见表 1—14。圆柱穿孔时，圆柱面上相贯处的最外素线不再存在。

3. 圆柱相贯线的画法

如图 1—39 所示，补画相贯线在主视图上的投影。

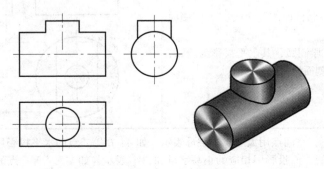

● 图 1—39　补画相贯线

表 1—14　　　　　　　　　　　　圆柱穿孔的相贯线

形式	圆柱与圆柱孔相贯	不等径圆柱孔相贯	等径圆柱孔相贯
立体图	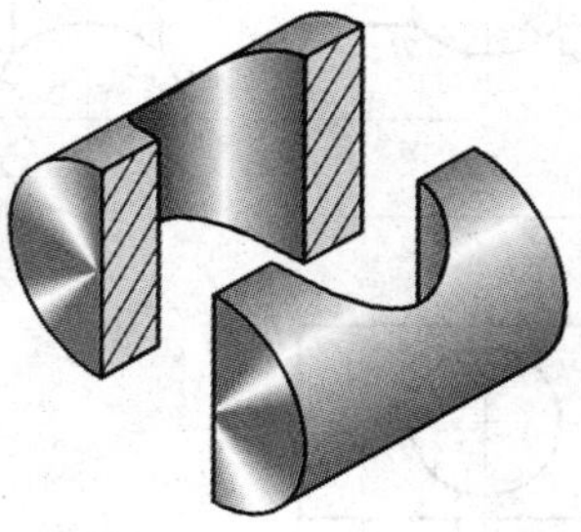	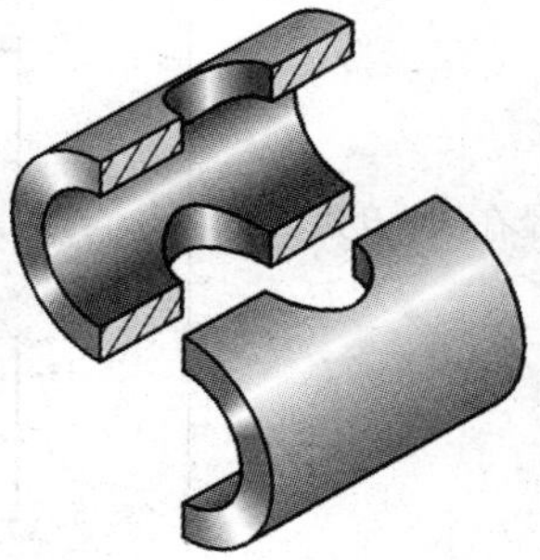	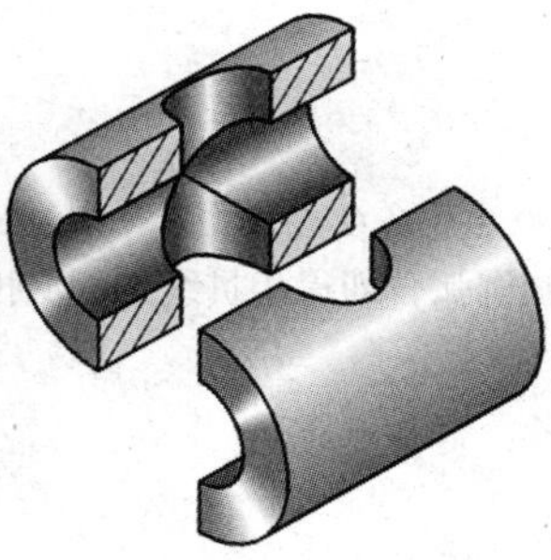
三视图	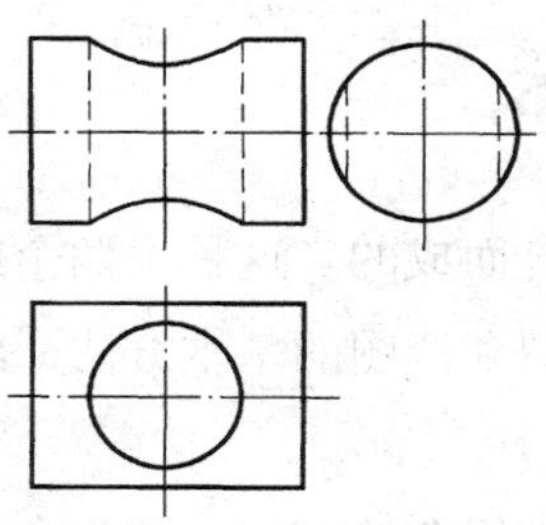	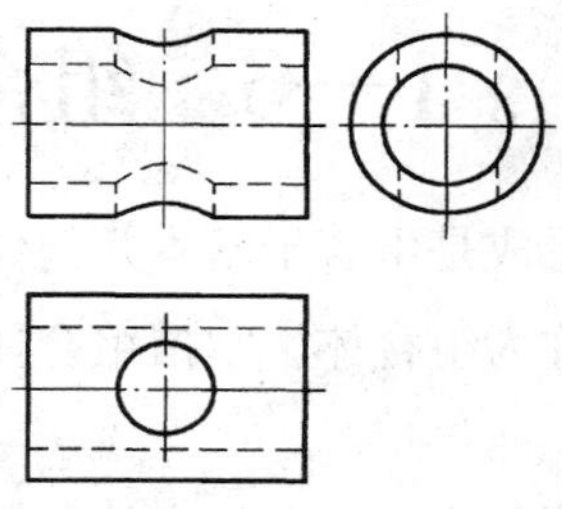	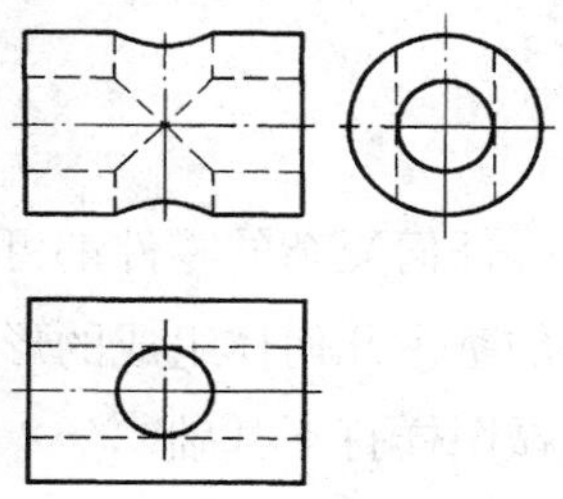

圆柱相贯线是两圆柱面相交而自然形成的图线，一般只需要绘制其大致形状，在绘图时，可近似地用圆弧代替相贯线。具体作图方法和步骤见表 1—15。

表 1—15　　　　　　　　两圆柱正交相贯的相贯线的作图方法和步骤

作图方法和步骤	图例
（1）以大圆柱的半径 R 为半径，以 A 点为圆心画圆弧，与小圆柱的轴线交于 O 点	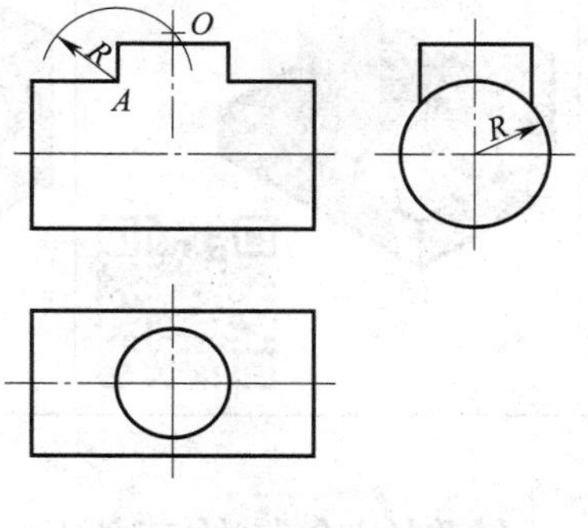

续表

作图方法和步骤	图例
（2）以 O 点为圆心，R 为半径在 A、B 点之间画圆弧，即得相贯线的近似投影	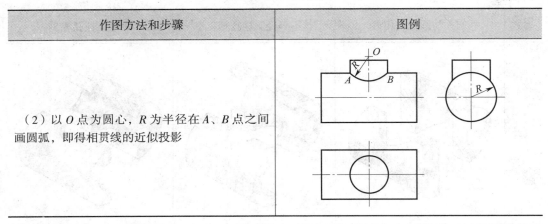

§1—6　组合体

任何复杂的零件都可以看成是由若干基本几何体组合而成的。这种由两个或两个以上的基本几何体组成的形体称为组合体。掌握组合体画图和读图的基本方法，将为识读机械图样打下基础。

按照形体特征，组合体可分为叠加类组合体、切割类组合体和综合类组合体，其概念、典型图例见表 1—16。

表 1—16　　　　　　　　　　　　组合体的类型

类型	叠加类组合体	切割类组合体	综合类组合体
概念	由几个基本几何体叠加而成的组合体	在一个基本几何体上切割掉某些形体而形成的组合体	既有叠加，又有切割的组合体
图例			

一、绘制组合体的三视图

在绘图时首先要对组合体进行形体分析，分析组合体的结构和形成过程，然后制定绘图步骤，并按照步骤绘制三视图。三个视图要同时绘制，不可单独孤立地绘制单个视图。下面以图1—40所示座体为例介绍绘制组合体三视图的方法。

1. 分析形体

该形体由两个长方体叠加而成，并在形体的后面和中间分别开矩形槽。

2. 绘制三视图

绘制座体的三视图要按照"先叠加，后切割"的步骤，其具体作图方法和步骤见表1—17。

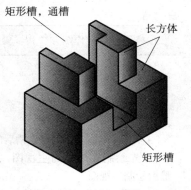

● 图1—40　座体

表1—17　　　　　　　　　　　座体三视图的作图方法和步骤

作图方法和步骤	图例
（1）绘制上、下长方体的三视图 注意：该形体左右对称，在主、俯视图上需绘制左右对称线	
（2）绘制形体后面割矩形槽后形成的轮廓线 1）先绘制矩形槽的俯视图，然后绘制主、左视图 2）擦除俯视图上割矩形槽后被割除的轮廓线	擦除割槽后被割掉的轮廓线

作图方法和步骤	图例
（3）绘制形体上方割矩形槽后的轮廓线 1）先绘制矩形槽的主视图，再绘制俯视图，最后绘制左视图 2）擦除割矩形槽后被割掉的轮廓线	擦除被割掉的轮廓线
（4）检查校核，按线型描深图线	

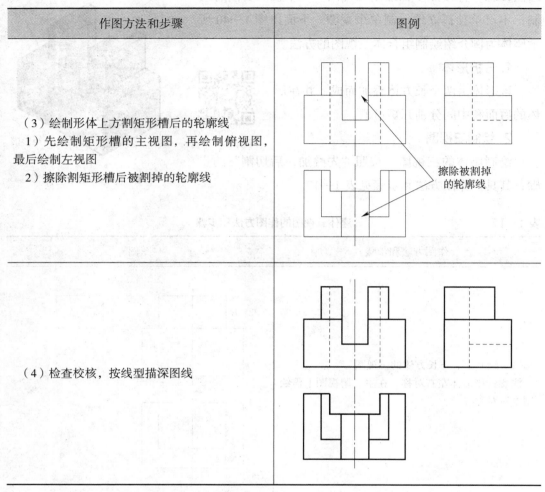

二、识读组合体的三视图

1. 读图的基本要领

（1）几个视图同时看

一般情况下，两个视图可以基本确定物体的形状，但是在有些情况下则无法确定。表1—18中列出了几种两视图相同但物体结构形状不一样的情况。由此可知，在某些情况下两个视图也不一定能确定物体的形状，所以，在看图时一定要将三视图联系起来分析才能确定物体的形状。

（2）重点分析特征视图

物体的特征视图分为形状特征视图和位置特征视图。

表1—18   视图相近的物体

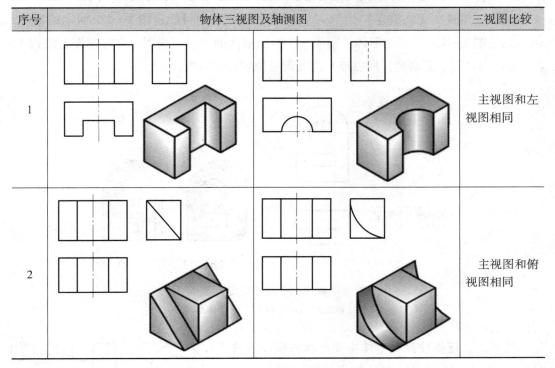

序号	物体三视图及轴测图	三视图比较
1		主视图和左视图相同
2		主视图和俯视图相同

形状特征视图是指最能反映物体形状特征的视图。图1—41所示底板的俯视图是形状特征视图。

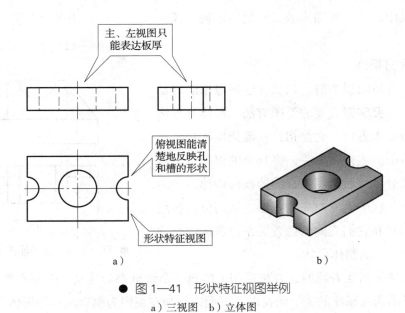

主、左视图只能表达板厚

俯视图能清楚地反映孔和槽的形状

形状特征视图

a）   b）

● 图1—41   形状特征视图举例

a）三视图   b）立体图

位置特征视图是指最能反映组合体各形体间相互位置关系的视图。图1—42a所示支架的主、俯视图无法确定结构1、2的位置，它表示的可能是图1—42b所示的形体，也可能是图1—42c所示的形体。图1—43给出形体的主、左视图，在左视图上结构1、2的凸凹表达得十分清楚，所以该左视图就是位置特征视图。

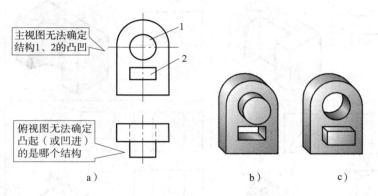

主视图无法确定结构1、2的凸凹

俯视图无法确定凸起（或凹进）的是哪个结构

a） b） c）

● 图1—42　支架

a）两视图　b）形体一　c）形体二

看图时，应抓住反映物体主要形状特征和位置特征的视图，运用三视图的投影规律，将几个视图联系起来进行识读。在看组合体的三视图时，要把表达物体形状的三视图作为一个整体来看待，切忌只抓住其中的一个视图不放，或把三个视图孤立看待。

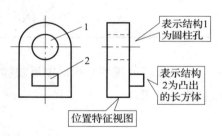

表示结构1为圆柱孔

表示结构2为凸出的长方体

位置特征视图

● 图1—43　支架的位置特征视图

2. 形体分析法

在看组合体的视图时，只依靠空间想象能力是不够的，还需要掌握必要的看图方法。形体分析法是看图的最基本方法，它是指：从最能反映物体形状、位置特征的主视图入手，将复杂的视图按线框分成几个部分；然后运用三视图的投影规律，找出各线框在其他视图上所对应的投影，从而分析各组成部分的形状和它们之间的位置关系；最后综合起来，想象组合体的整体形状。

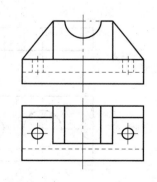

● 图1—44　支承座的主、俯视图

运用形体分析法看图时，要把视图上的每一个线框都看成是一个基本形体的投影。图1—44所示为支承座的主、俯视图，下面以补画左视图为例介绍运用形体分析法看图的方法和步骤，见表1—19。

表 1—19　　　　　　　　　　　　　　支承座的看图方法和步骤

方法和步骤	图例
（1）按线框分部分 　　从最能反映该组合体形状特征的主视图入手，将该组合体划分成Ⅰ、Ⅱ、Ⅲ、Ⅳ四个部分	
（2）对投影，想形状 　　运用投影规律，分别找出主视图上的四个线框在俯视图上所对应的投影，然后逐一想象它们的形状，并分别绘制左视图	**1）** 分析线框Ⅲ所对应的主、俯视图可知，形体为在长方体底板的下面后部割去了一个小长方体，并在左、右各钻了一个小孔
	2） 分析线框Ⅰ所对应的主、俯视图可知，线框Ⅰ所表达的形体是一个带有半圆槽的长方体。该形体在底板Ⅲ的上面中间位置，后面与底板平齐
	3） 分析线框Ⅳ所对应的主、俯视图可知，其形状为三棱柱，其后面和形体Ⅰ、Ⅲ同面 **4）** 线框Ⅱ所表达的形体形状与线框Ⅳ相同

续表

方法和步骤	图例
（3）综合起来，想象整体形状 在看懂每个基本形体的基础上，想象它们的相互位置，逐渐形成一个整体的形象，完成左视图的绘制	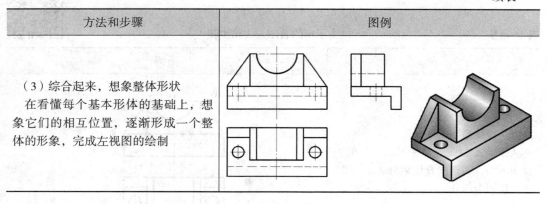

巩固练习

1. 根据立体图补全三视图。

（1）

（2）

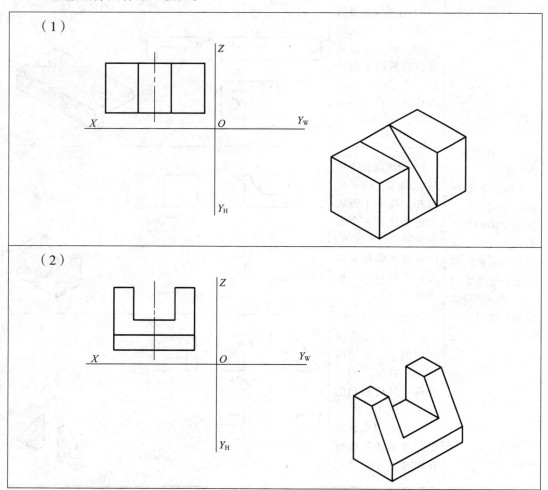

2. 根据基本几何体两视图补画第三视图。

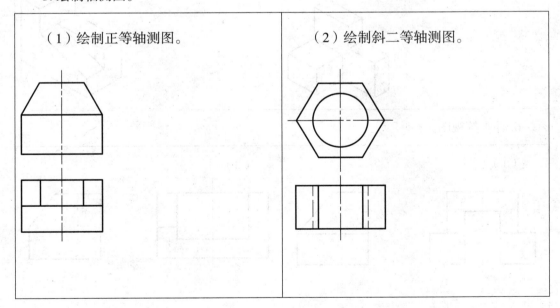

（1）绘制正五棱柱的俯视图。

（2）绘制 1/4 圆柱的俯视图。

3. 绘制轴测图。

（1）绘制正等轴测图。

（2）绘制斜二等轴测图。

4. 绘制截交线与相贯线。

（1）绘制左视图。	（2）绘制主视图上的相贯线。
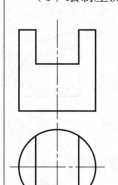	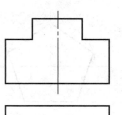 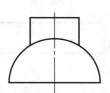 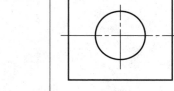

5. 根据立体图绘制三视图。

（1）	（2）
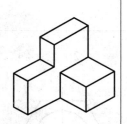	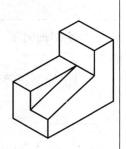

6. 补画俯视图。

（1）	（2）
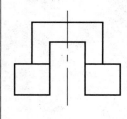	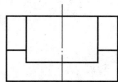

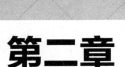

第二章
机械图样的表达与识读

§2—1　机件的表达方法

一、视图

视图有基本视图、向视图、局部视图和斜视图四种。

1. 基本视图

物体在三投影面体系中得到三视图，如果在原有三投影面体系的三个投影面的基础上，再增设三个互相垂直的投影面，便可构成一个正六面体，这六个投影面统称为基本投影面，如图2—1所示。将物体放入六个基本投影面体系中，分别由前、后、左、右、上、下六个方向向六个基本投影面投射，即得六个基本视图。除主视图、俯视图、左视图外，新增加的三个基本视图为：

右视图——将物体由右向左投射所得的视图；

仰视图——将物体由下向上投射所得的视图；

后视图——将物体由后向前投射所得的视图。

六个基本投影面按照图2—2所示展开后，各视图的位置如图2—3所示，六个基本视图之间仍然符合"长对正，高平齐，宽相等"的投影规律，即主视图、俯视图、仰视图、后视图"等

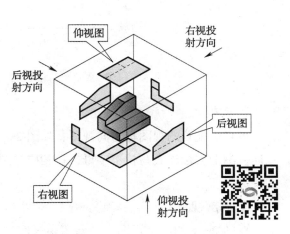

● 图2—1　六个基本视图的形成

长"，主视图、左视图、右视图、后视图"等高"，俯视图、左视图、右视图、仰视图"等宽"。

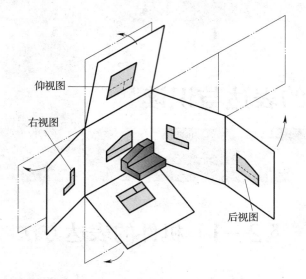

● 图2—2　六个基本投影面的展开

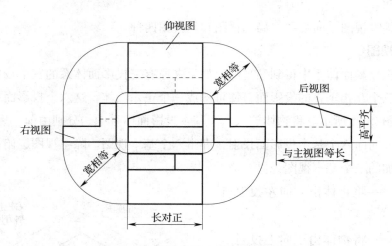

● 图2—3　六个基本视图及投影规律

2. 向视图

可自由配置的视图称为向视图，如图2—4所示，视图 A 为向视图。国家标准规定：在向视图上方标注大写拉丁字母，在相应视图的附近用箭头指明投射方向，并标注相同的字母。

3. 局部视图

在图2—5的四个视图中，除了主视图和俯视图外，其他两个视图都只绘制了机件的一部分结构。这种将物体的某一部分向基本投影面投射所得的视图称为局部视图。

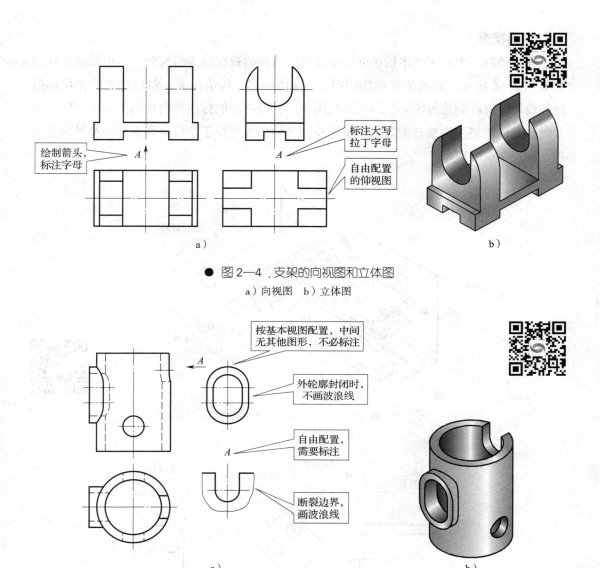

绘制箭头，标注字母

标注大写拉丁字母

自由配置的仰视图

a)

b)

● 图 2—4．支架的向视图和立体图

a）向视图　b）立体图

按基本视图配置，中间无其他图形，不必标注

外轮廓封闭时，不画波浪线

自由配置，需要标注

断裂边界，画波浪线

a)

b)

● 图 2—5　轴套的局部视图和立体图

a）局部视图　b）立体图

国家标准规定：

（1）画局部视图时，其断裂边界用波浪线绘制。当所表示的局部视图的外轮廓封闭时，则不必画出其断裂边界线，如图 2—5 所示。

（2）当局部视图按基本视图配置时，若中间没有其他图形隔开，则不必标注，如图 2—5 所示。

（3）当局部视图按向视图配置时，则按向视图的形式标注，如图 2—5 所示。

4. 斜视图

将物体向不平行于基本投影面的平面投射所得的视图称为斜视图。斜视图的形成过程如图 2—6 所示，其画法和标注如图 2—7a 所示。一般情况下，斜视图是物体局部结构的投影，其断裂边界的画法与局部视图相同，斜视图的标注与向视图的标注相同。必要时，允许将斜视图旋转配置，表示该视图名称的大写拉丁字母应靠近旋转符号的箭头端，如图 2—7b 所示。

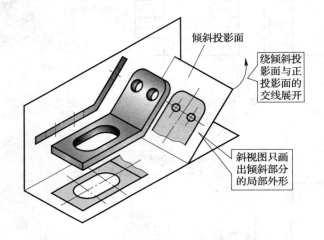

● 图 2—6 弯板斜视图的形成

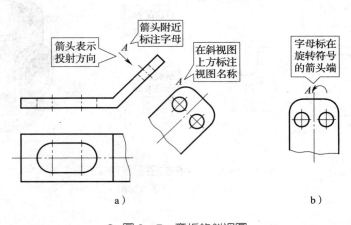

● 图 2—7 弯板的斜视图

二、剖视图

1. 剖视图的形成与画法

（1）剖视图的形成

物体的内部结构较复杂时，在视图中用细虚线表达内部结构将给画图和看图带来很大的困难，为了解决这一问题，可采用剖视图表达。如图 2—8 所示，假想用剖切面剖开物体，将处于观察者和剖切面之间的部分移去，将其余部分向投影面投射，所得的图形就是剖视图。如图2—9所示，机件的主视图采用了剖视图。

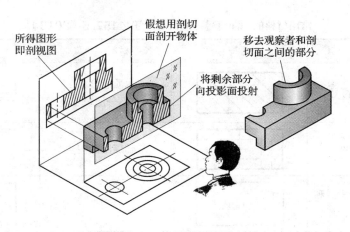

● 图2—8 剖视图的形成

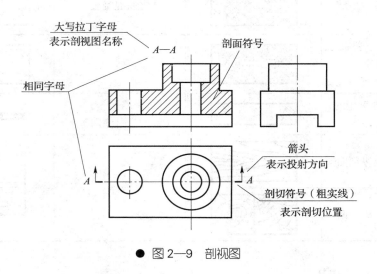

● 图2—9 剖视图

（2）剖视图的画法规定

1）在画剖视图时，剖切平面后的可见轮廓应全部画出，不可只画剖切断面的形状。

2）由于剖视图是假想剖开机件得到的，当物体的一个视图画成剖视图时，其他视图仍应完整画出。

3）图形上表达内部结构的细虚线一般可以省略。

（3）剖面符号

在剖视图中，剖切面与物体接触的部分应画出表示材料类别的剖面符号。常用材料的剖面符号见表2—1。金属材料的剖面符号又称为剖面线，它用细实线绘制，应画成间隔相等的平行线，且一般与主要轮廓线或剖面区域的对称线成45°夹角。同一零件各个剖视图上剖面线的画法应一致。

表2—1　　　　　常用材料的剖面符号（摘自GB/T 4457.5—2013）

材料名称		剖面符号	材料名称	剖面符号
金属材料（已有规定剖面符号者除外）			木质胶合板（不分层数）	
线圈绕组元件			基础周围的泥土	
转子、电枢、变压器和电抗器等的叠钢片			混凝土	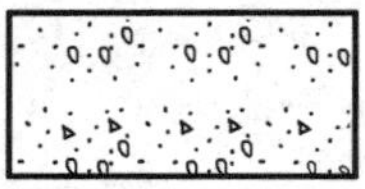
非金属材料（已有规定剖面符号者除外）			钢筋混凝土	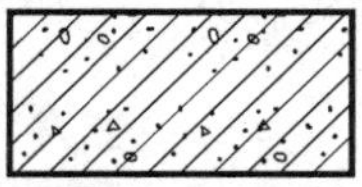
型砂、填砂、粉末冶金、陶瓷刀片、硬质合金刀片等			砖	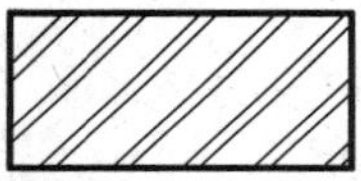
玻璃及供观察者用的其他透明材料			格网（筛网、过滤网等）	
木材	纵剖面		液体	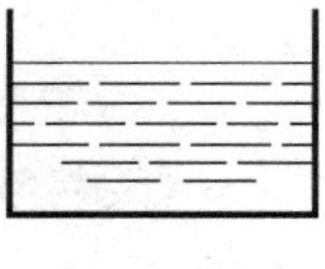
	横剖面			

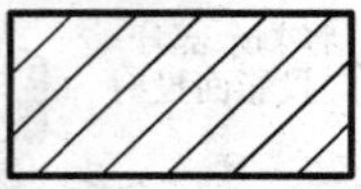

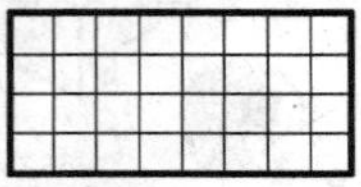

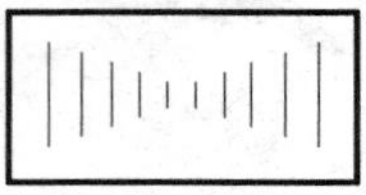

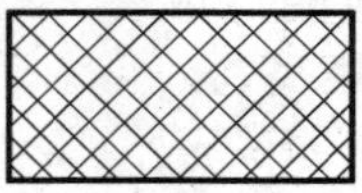

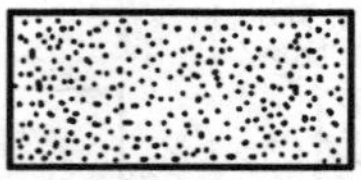

（4）剖视图的标注

剖视图的标注如图2—9所示，一般应在剖视图的上方用大写拉丁字母标出剖视图的名称"×—×"，在剖切面的起止处用剖切符号（粗实线）表示剖切位置，在剖切符号两端用箭头表示投射方向，并在附近注上与剖视图名称相同的大写拉丁字母。在某些情况下，剖视图的标注可以简化和省略。

（5）剖视图规定画法

1）对于机件的肋、轮辐及薄壁等，如纵向剖切，这些结构都不画剖面符号，而用粗实线将它与其相邻接部分分开，如图2—10所示。

2）当回转体上均匀分布的肋、轮辐、孔等结构不处于剖切平面上时，可将这些结构旋转到剖切平面上画出，如图 2—10 所示。

　　3）若干直径相同且成规律分布的孔，可以只画出一个或少量几个，其余只需用细点画线表示其中心位置，如图 2—10 所示。

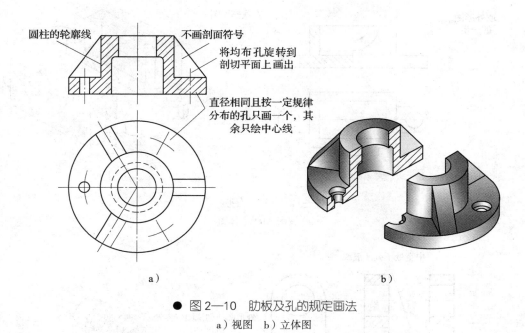

● 图 2—10　肋板及孔的规定画法

a）视图　b）立体图

2. 剖视图的种类及画法

根据剖切范围的不同，剖视图可分为全剖视图、半剖视图和局部剖视图三种。

（1）全剖视图

用剖切面完全地剖开物体所画的剖视图称为全剖视图。很显然，图 2—9 中的主视图就是全剖视图，其剖切平面通过机件的前后对称面将机件剖成两半。

（2）半剖视图

当物体具有对称平面时，向垂直于对称平面的投影面上投射所得图形，以对称中心线为界，一半画成剖视图，另一半画成视图，这种图形称为半剖视图，如图 2—11 所示。

画半剖视图时应注意：半个视图与半个剖视图的分界线应画细点画线，而不能画成粗实线。

（3）局部剖视图

为了在一个不对称的视图上同时表达内形和外形，可用剖切面局部地剖开物体而绘制剖视图，如图 2—12 所示。这种用剖切面局部地剖开物体所画出的剖视图称为局部剖视图。

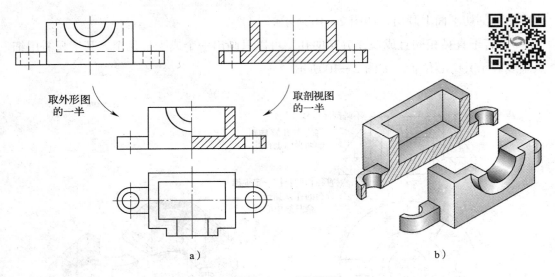

取外形图
的一半

取剖视图
的一半

a) b)

● 图 2—11　半剖视图

a）视图　b）立体图

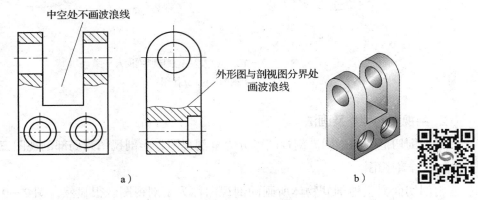

中空处不画波浪线

外形图与剖视图分界处
画波浪线

a) b)

● 图 2—12　支座的局部剖视图

a）局部剖视图　b）立体图

画局部剖视图时应注意：局部剖视图与视图之间应以波浪线为界，波浪线应画在物体的实体上，不能画在物体的中空处或超出图形轮廓线。

3. 剖切面的种类

在前面所介绍的三种剖视图中，所用的剖切平面皆平行于基本投影面，但机件的内部结构形状差异甚大，常需选用不同数量和位置的剖切面。一般情况下，可选用单一剖切平面、几个平行的剖切平面、几个相交的剖切平面（交线垂直于某一投影面）三种剖切平面。

（1）单一剖切平面

单一剖切平面是指画剖视图时只用一个剖切平面剖开物体。单一剖切平面可以平行于基本投影面，如图 2—13a 中的 *B—B* 全剖视图；也可以不平行于基本投影面，如图 2—13a 中的 *A—A* 全剖视图。

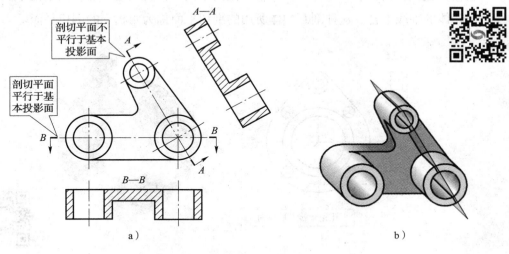

● 图 2—13 连杆

a）单一剖切平面的全剖视图 b）立体图

（2）几个平行的剖切平面

在图 2—14 中用了三个平行于正投影面的剖切平面剖开物体，从而使形体中不同层次的内部结构在一个剖视图中得到表达。这种剖开物体所用的两个或多个平行的剖切平面称为几个平行的剖切平面。

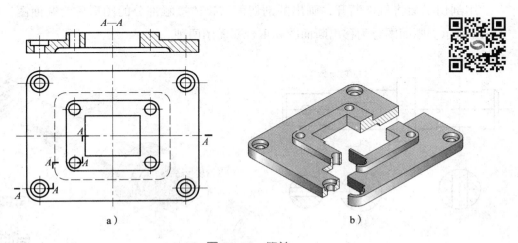

● 图 2—14 箱盖

a）几个平行剖切平面的全剖视图 b）立体图

（3）几个相交的剖切平面

图2—15所示端盖的主视图用了一个正平面（平行于正投影面的平面）和一个侧垂面（垂直于侧投影面，倾斜于另外两个投影面的平面）作为剖切平面，两剖切平面的交线与回转体的轴线重合。这种剖开物体所用的剖切平面称为两相交的剖切平面。

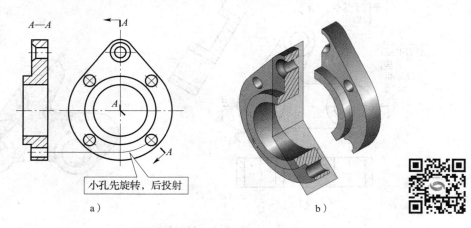

● 图2—15 端盖
a）两相交剖切平面的全剖视图 b）立体图

在使用几个相交剖切平面剖开物体时，倾斜剖切平面所剖到的结构，应旋转到与选定的投影面平行后再进行投射。

三、断面图

用剖切平面将机件断开，画出的剖切面与物体接触部分的图形称为断面图，如图2—16所示。断面图分为移出断面图和重合断面图两种。

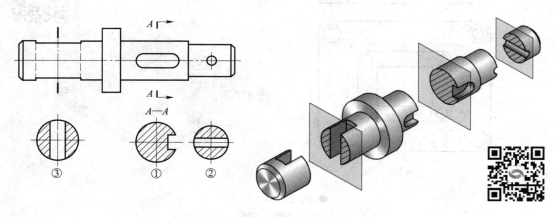

● 图2—16 主轴的断面图

1. 移出断面图

画在视图轮廓之外的断面图称为移出断面图。图 2—16 中的断面图即移出断面图，断面图①表达键槽，断面图②表达圆孔，断面图③表达方孔。画移出断面图时应注意以下两点：

（1）当剖切平面通过回转面形成的孔或凹坑的轴线时，这些结构应按剖视图要求绘制，如图 2—16 的断面图②所示。

（2）当剖切平面通过非圆孔，会导致出现完全分离的图形时，这些结构也应按剖视图要求绘制，如图 2—16 的断面图③所示。

移出断面图也需要进行标注，即标注剖切位置符号、表示投射方向的箭头和断面图的名称。移出断面图的标注方法与剖视图基本相同，在某些情况下移出断面图的标注也可以简化或省略。

2. 重合断面图

图 2—17 所示的断面图绘制在视图轮廓线之内，这种绘制在视图轮廓线之内的断面图称为重合断面图。画重合断面图时应注意以下两点：

（1）重合断面图的轮廓线用细实线绘制。

（2）当视图中的轮廓线与重合断面图的轮廓线重叠时，视图的轮廓线完整画出，不能间断。

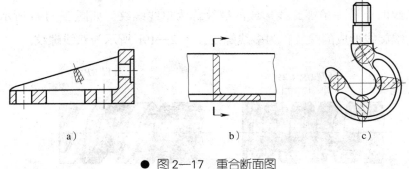

a）   b）   c）

● 图 2—17　重合断面图

§2—2　标准件与常用件的画法

一、螺纹及螺纹紧固件的画法

1. 螺纹的主要几何参数

螺纹的主要几何参数有大径、小径、公称直径、线数、螺距、导程等。

（1）大径

大径是指与外螺纹牙顶或内螺纹牙底相切的假想圆柱的直径。外螺纹大径用 d 表示，内螺纹大径用 D 表示，如图 2—18 所示。

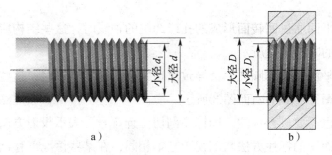

a）

b）

● 图 2—18 螺纹的结构

a）外螺纹 b）内螺纹

（2）小径

小径是指与外螺纹牙底或内螺纹牙顶相切的假想圆柱的直径。外螺纹小径用 d_1 表示，内螺纹小径用 D_1 表示，如图 2—18 所示。

（3）公称直径

公称直径是代表螺纹规格大小的直径。除管螺纹外，公称直径均指螺纹的大径。

（4）线数

形成螺纹时，沿一条螺旋线形成的螺纹称为单线螺纹，如图 2—19a 所示；沿两条或两条以上螺旋线形成的螺纹称为多线螺纹，图 2—19b 所示为双线螺纹。

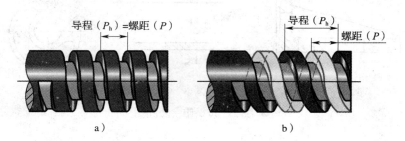

a）

b）

● 图 2—19 螺纹的线数

a）单线螺纹 b）双线螺纹

（5）螺距

螺纹相邻两牙之间两对应点的轴向距离称为螺距，用 P 表示，如图 2—19 所示。

（6）导程

同一条螺旋线上相邻两牙之间两对应点的轴向距离称为导程，用 P_h 表示，如图 2—19 所示。

螺距、导程、线数之间的关系是：导程 P_h＝螺距 $P \times$ 线数 n。

对于单线螺纹：导程 P_h＝螺距 P。

2. 螺纹的画法

螺纹属于标准结构，所以不需要按照其实际形状绘制图形，国家标准《机械制图 螺纹及螺纹紧固件表示法》（GB/T 4459.1—1995）对螺纹的画法进行了明确的规定。螺纹的规定画法见表 2—2。

表 2—2 　　　　　　　　　　　　　　　螺纹的规定画法

名称	图例	画法规定
外螺纹	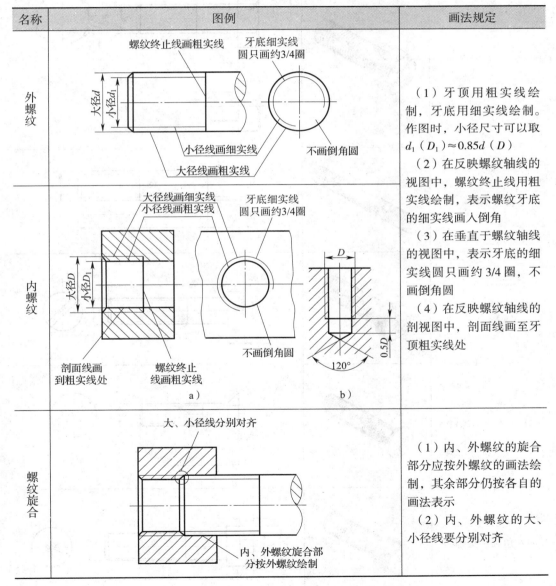	（1）牙顶用粗实线绘制，牙底用细实线绘制。作图时，小径尺寸可以取 $d_1（D_1）\approx 0.85d（D）$ （2）在反映螺纹轴线的视图中，螺纹终止线用粗实线绘制，表示螺纹牙底的细实线画入倒角 （3）在垂直于螺纹轴线的视图中，表示牙底的细实线圆只画约 3/4 圈，不画倒角圆 （4）在反映螺纹轴线的剖视图中，剖面线画至牙顶粗实线处
内螺纹		
螺纹旋合		（1）内、外螺纹的旋合部分应按外螺纹的画法绘制，其余部分仍按各自的画法表示 （2）内、外螺纹的大、小径线要分别对齐

3. 螺纹紧固件的画法

常用的螺纹紧固件有螺栓、双头螺柱、螺钉、螺母和垫圈等，其结构和画法见表2—3。

表2—3　　　　　　　　　　　常用螺纹紧固件的结构和画法

名称	结构	视图及画图比例
六角头螺栓	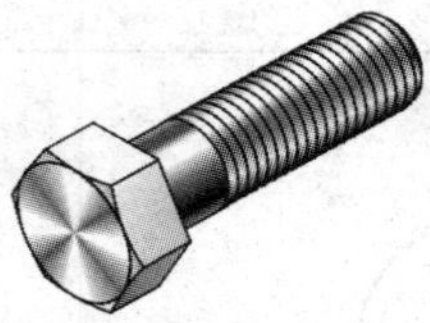	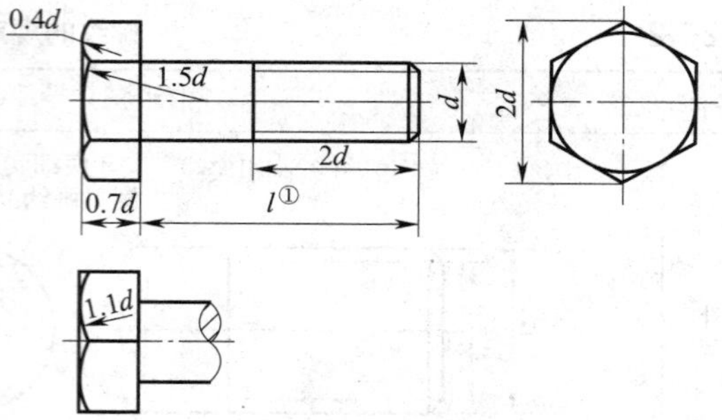
双头螺柱	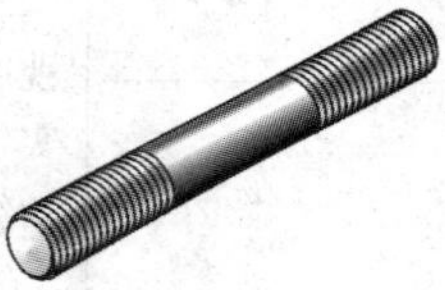	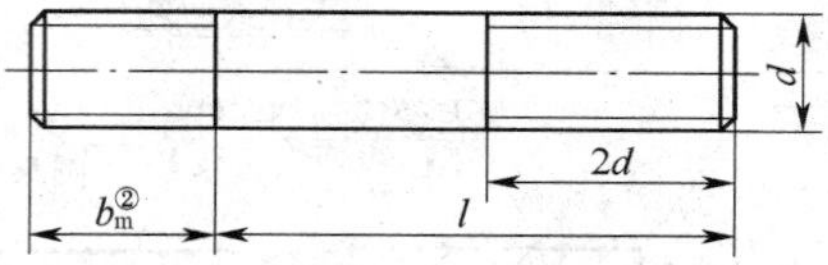
开槽圆柱头螺钉	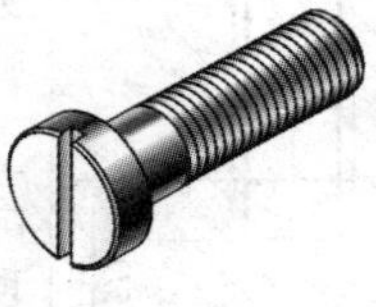	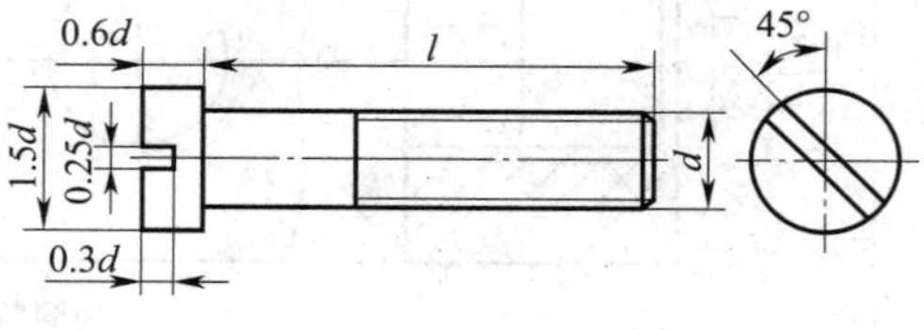
十字槽沉头螺钉	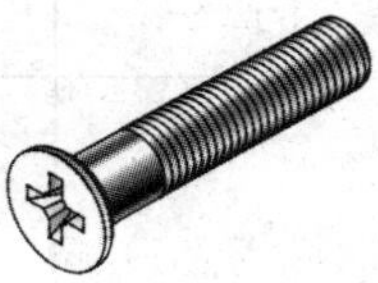	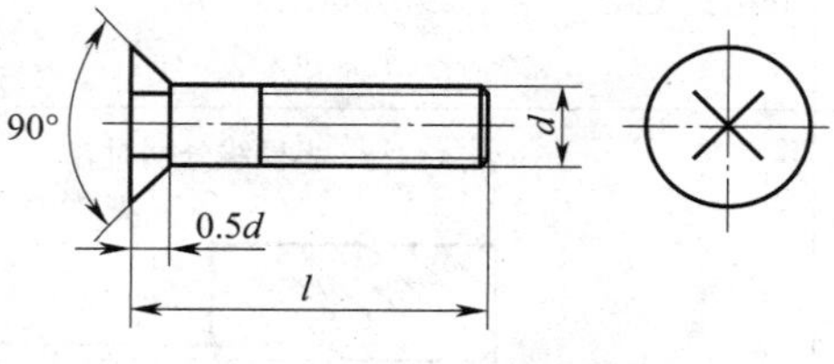
内六角圆柱头螺钉	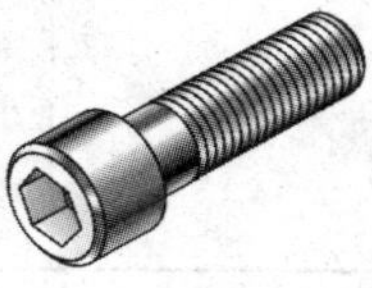	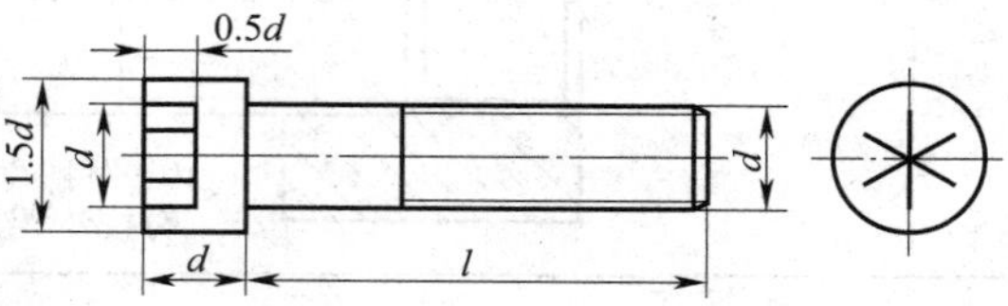

续表

名称	结构	视图及画图比例
六角螺母	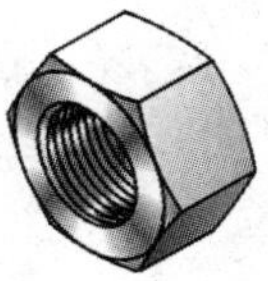	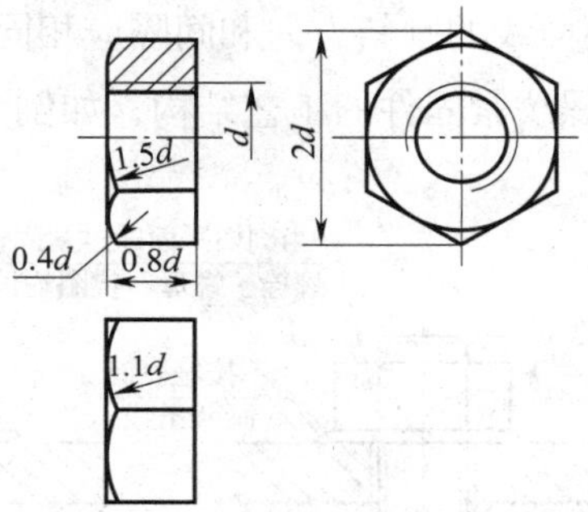
平垫圈		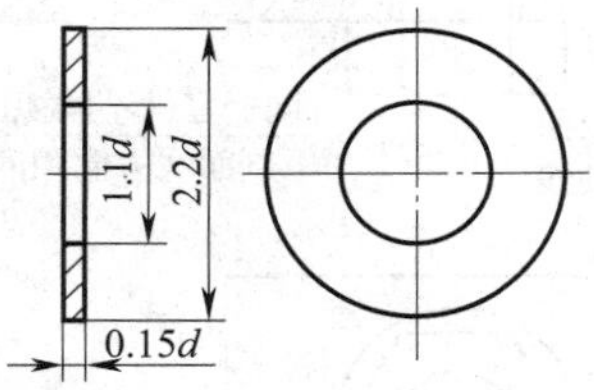
弹簧垫圈		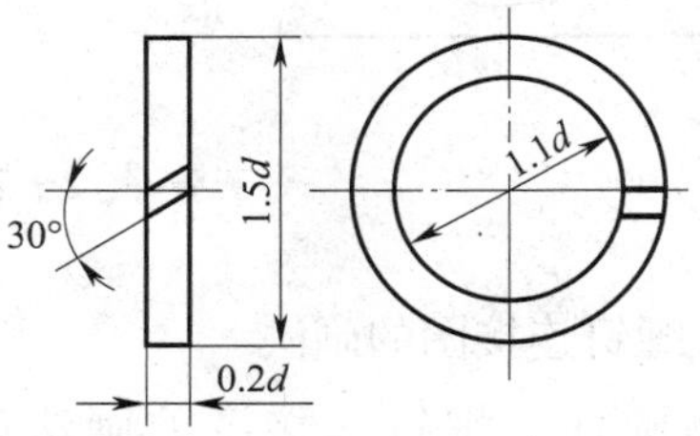

注：①l 为螺栓、双头螺柱、螺钉的公称长度，可通过查阅相关手册获得。

②b_m 为双头螺柱旋入端的长度，其取值与被旋入零件的材料有关。一般钢或青铜用 $b_m=1d$；铸铁用 $b_m=1.25d$ 或 $b_m=1.5d$；铝合金用 $b_m=2d$。

4. 螺纹连接图的画法

常用的螺纹连接有螺栓连接、螺钉连接和双头螺柱连接。

（1）螺栓连接图的画法

螺栓连接图的画法如图 2—20 所示。画螺纹紧固件的连接图时应注意以下几点：

1）当剖切平面通过螺栓、螺钉、螺母及垫圈等紧固件的轴线时，这些零件应按未剖切绘制（即只画外形）。

2）两相邻零件，接触面只画一条粗实线，不得将轮廓线特意加粗；凡不接触的表面，不论间隙多小，在图上均应画出两条轮廓线。

3）在剖视图中，相互接触的两个零件其剖面线方向应相反。而同一个零件在各剖视图中剖面线的倾斜方向和间隔应相同。

4）螺纹紧固件的工艺结构，如倒角、退刀槽、缩颈、凸肩等均可省略不画。

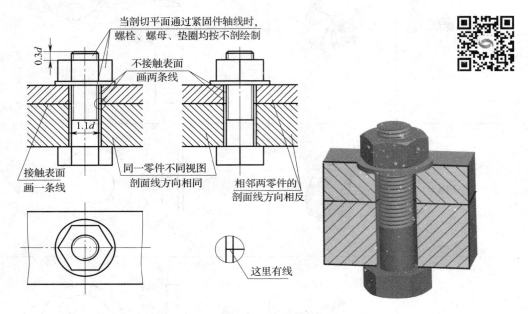

● 图2—20　螺栓连接图的画法

（2）螺钉连接图的画法

开槽圆柱头螺钉连接图的画法如图2—21所示。画螺钉连接图时应注意以下几点：

1）开槽圆柱头螺钉头部的槽可以用粗线（宽度约为粗实线的1～2倍）简化表示。

2）螺钉和螺孔的旋合部分按外螺纹绘制，其余部分仍按各自的画法绘制。

3）螺钉的螺纹终止线应画在螺孔的孔口之上。

4）左视图上螺钉头的画法与主视图相同。

（3）双头螺柱连接图的画法

双头螺柱连接图的画法如图2—22所示。画双头螺柱连接图时应注意以下几点：

1）为了保证连接牢固，双头螺柱的旋入端应全部旋入螺孔内，所以旋入端的螺纹终止线应与螺孔件的孔口平齐。

2）主、左视图上的弹簧垫圈开口的画法相同，由左上向右下倾斜。

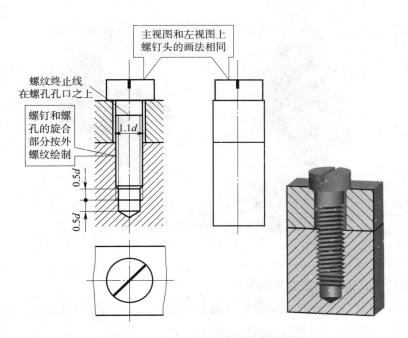

● 图 2—21 开槽圆柱头螺钉连接图的画法

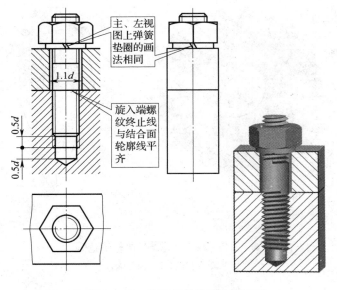

● 图 2—22 双头螺柱连接图的画法

二、齿轮的画法

齿轮是机械设备中应用最广泛的一种传动零件，它们成对使用，可用来传递动力，改变转速和运动方向。常用的齿轮传动形式有圆柱齿轮传动、锥齿轮传动等，如图 2—23 所示。

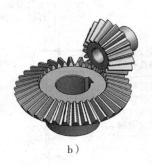

a）
b）

● 图2—23　齿轮传动

a）圆柱齿轮传动　b）锥齿轮传动

1. 直齿圆柱齿轮的画法

（1）直齿圆柱齿轮的主要几何要素

直齿圆柱齿轮各部分的名称及有关参数如图2—24所示，其概念见表2—4。直齿圆柱齿轮主要几何要素的尺寸计算公式见表2—5。

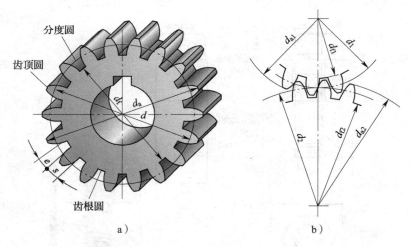

a）
b）

● 图2—24　直齿圆柱齿轮的结构

a）单个齿轮　b）齿轮啮合

表2—4　　　　　　　　　　　　　　　直齿圆柱齿轮的主要几何要素

序号	要素名称	概念	代号
1	齿顶圆	过齿轮各轮齿顶部的圆	直径 d_a
2	齿根圆	过齿轮各齿槽底部的圆	直径 d_f
3	齿厚	一个轮齿两侧端面齿廓间的分度圆弧长	s
4	齿槽宽	一个齿槽两侧端面齿廓间的分度圆弧长	e

序号	要素名称	概念	代号
5	分度圆	齿厚与齿槽宽相等的圆	直径 d
6	齿数	齿轮的轮齿数量	z
7	模数	计算分度圆直径的一个重要参数，已标准化，具体可查阅有关手册	m

表 2—5　　　　　　　　　直齿圆柱齿轮主要几何要素的尺寸计算公式

序号	名称	代号	公式
1	分度圆直径	d	$d=mz$
2	齿顶圆直径	d_a	$d_a=m(z+2)$
3	齿根圆直径	d_f	$d_f=m(z-2.5)$
4	中心距	a	$a=\dfrac{1}{2}d_1+\dfrac{1}{2}d_2=\dfrac{1}{2}m(z_1+z_2)$

（2）单个直齿圆柱齿轮的画法

单个直齿圆柱齿轮的画法如图 2—25 所示。画图时应注意以下几点：

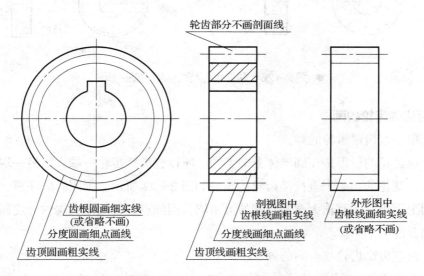

● 图 2—25　单个直齿圆柱齿轮的画法

1）齿顶圆和齿顶线用粗实线绘制。

2）分度圆和分度线用细点画线绘制。

3）齿根圆和外形图中的齿根线用细实线绘制，也可省略不画。

4）在剖视图中的齿根线用粗实线绘制。

（3）两直齿圆柱齿轮啮合图的画法

两直齿圆柱齿轮啮合图的画法如图2—26所示。画图时应注意以下几点：

1）两齿轮的分度圆相切。

2）剖切平面通过两齿轮的轴线剖切时（图2—26a左视图），在啮合区将一个齿轮的轮齿用粗实线绘制，另一个齿轮的轮齿被遮挡的部分用细虚线绘制，也可省略不画。

3）在反映齿轮轴线的外形图中（图2—26b左视图），啮合区的齿顶线不需画出，分度线用粗实线绘制。

4）啮合区外的其余部分均按单个齿轮绘制，齿根圆和齿根线全部省略不画。

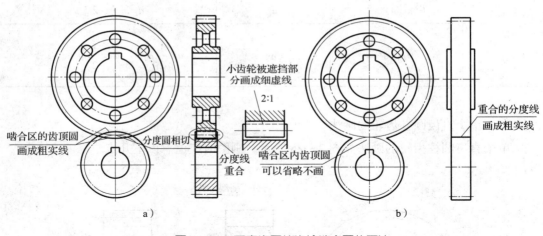

● 图2—26 两直齿圆柱齿轮啮合图的画法

2. 直齿锥齿轮的画法

（1）单个直齿锥齿轮的画法

直齿锥齿轮的齿形是在圆锥体上加工的，所以直齿锥齿轮一端大、另一端小，它的齿厚是逐渐变化的。单个直齿锥齿轮的画法如图2—27所示。画图时应注意：在投影为圆的视图上用粗实线画出大端和小端的齿顶圆，用细点画线画出大端的分度圆，齿根圆及小端的分度圆不画。

（2）两直齿锥齿轮啮合图的画法

两直齿锥齿轮啮合图的画法如图2—28所示，其啮合区的画法与直齿圆柱齿轮类似。

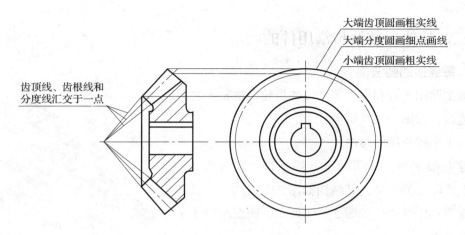

大端齿顶圆画粗实线

大端分度圆画细点画线

小端齿顶圆画粗实线

齿顶线、齿根线和分度线汇交于一点

● 图 2—27　单个直齿锥齿轮的画法

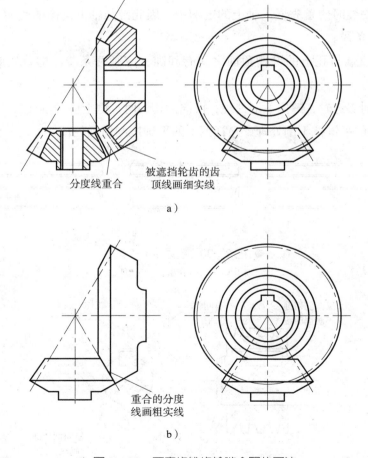

分度线重合

被遮挡轮齿的齿顶线画细实线

a ）

重合的分度线画粗实线

b ）

● 图 2—28　两直齿锥齿轮啮合图的画法

　　　a ）剖视图　b ）外形图

三、其他标准件与常用件的画法

1. 键连接的画法

键主要用于轴和轴上零件（如齿轮、带轮）之间的连接，如图 2—29 所示。

（1）平键连接的画法

键有很多种，常用的是普通平键，它分为 A 型、B 型和 C 型三种，其结构如图 2—30 所示。普通平键连接图的画法如图 2—31 所示。画图时应注意以下几点：

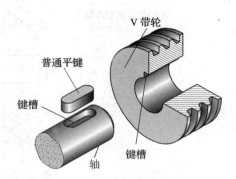

● 图 2—29　普通平键连接

1）普通平键的侧面是工作表面，连接时与键槽接触，因此，接触表面应画一条线。

2）键在安装时应首先嵌入轴上的键槽中，因此键与轴上键槽的底面之间也是接触的，也应画一条线。

3）键的顶端与孔上的键槽顶面之间有间隙，应画两条线，即分别画出它们的轮廓线。

4）纵向剖切键时，键按不剖处理；横向剖切键时，键上应画剖面线。故在图 2—31 中，主视图上的平键按不剖处理，左视图上的平键按剖切到处理。

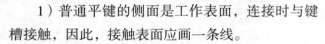

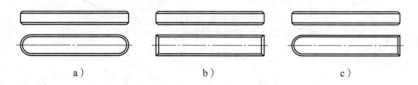

a）　　　　　　　b）　　　　　　　c）

● 图 2—30　普通平键的类型
a）A 型　b）B 型　c）C 型

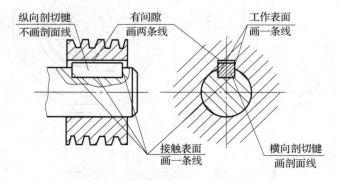

纵向剖切键
不画剖面线　　有间隙
画两条线　　工作表面
画一条线

接触表面
画一条线　　横向剖切键
画剖面线

● 图 2—31　普通平键连接图的画法

（2）半圆键连接的画法

半圆键也是一种常用的连接键，其结构如图 2—32a 所示。半圆键连接图的画法如图 2—32b 所示，其画法与普通平键相同。

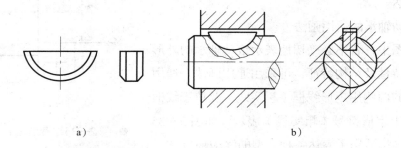

a）　　　　　　　　　　　　　　b）

● 图 2—32　半圆键及其连接图的画法

a）半圆键的结构　b）半圆键连接图的画法

2. 销连接的画法

销是标准件，常用的销有圆柱销和圆锥销，它们常用于零件间的连接和定位。图 2—33 所示为圆柱销和圆锥销连接图。画图时应注意：当剖切平面通过销的轴线剖切时，销按未剖切绘制。

3. 滚动轴承的画法

滚动轴承是一种支承转动轴的标准件，由于它能大大减小轴与孔之间的摩擦力，因而得到广泛使用。图 2—34 所示为几种最常用的滚动轴承。

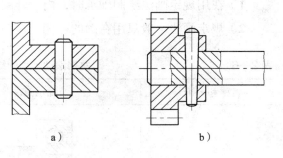

a）　　　　　　　　b）

● 图 2—33　销连接

a）圆柱销连接图　b）圆锥销连接图

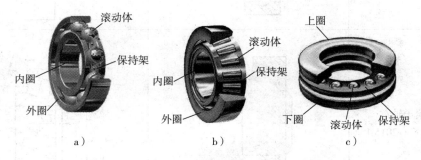

a）　　　　　　　　b）　　　　　　　　c）

● 图 2—34　滚动轴承

a）深沟球轴承　b）圆锥滚子轴承　c）推力球轴承

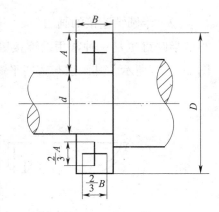

滚动轴承一般由内圈（下圈）、外圈（上圈）、滚动体和保持架四部分组成。在装配图中绘制滚动轴承时，不必绘制其详细结构，一般可用通用画法和规定画法进行表达。

（1）滚动轴承的通用画法

在装配图中，若不必确切地表示滚动轴承的外形轮廓、载荷特性及结构特征，可采用通用画法。通用画法是在轴的两侧用矩形线框（粗实线）及位于线框中央正立的十字形符号（粗实线）表示，如图2—35所示。通用画法适用于表达各种类型的滚动轴承。

● 图2—35　滚动轴承的通用画法

（2）滚动轴承的规定画法

当需要表达滚动轴承的主要结构时，可采用规定画法。常用滚动轴承的结构及规定画法见表2—6。画图时应注意以下两点：

1）在用规定画法绘制轴承时，内、外圈的剖面线应方向一致、间隔相同。

2）规定画法一般只用在图的一侧，在图的另一侧应按通用画法绘制。

表2—6　　　　　　　　　　　　　常用滚动轴承的结构及规定画法

名称和标准号	装配示意图	规定画法
深沟球轴承 （GB/T 276—2013）		
圆锥滚子轴承 （GB/T 297—2015）		

续表

名称和标准号	装配示意图	规定画法
推力球轴承 （GB/T 301—2015）	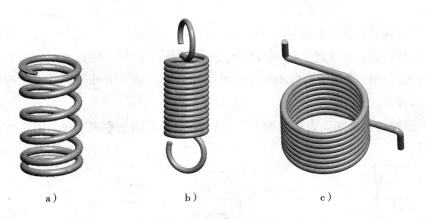	

4. 弹簧的画法

弹簧是用途很广的常用零件，主要用于减振、夹紧、储能和测力等。弹簧的种类很多，按其用途可分为压缩弹簧、拉伸弹簧和扭转弹簧等，如图 2—36 所示。

● 图 2—36 弹簧的分类

a）压缩弹簧 b）拉伸弹簧 c）扭转弹簧

（1）圆柱螺旋弹簧的画法

圆柱螺旋弹簧的画法如图 2—37 所示。画图时应注意以下几点：

1）在反映螺旋弹簧轴线的视图中，各圈的轮廓线画成直线。

2）螺旋弹簧均可画成右旋，对必须保证的旋向要求应在技术要求中注明。

3）对于螺旋压缩弹簧，如要求两端并紧且磨平时，不论支承圈的圈数多少和末端贴紧情况如何，均按图 2—37a、b 的形式绘制。

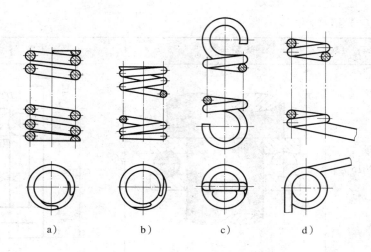

● 图 2—37   圆柱螺旋弹簧的画法

a、b）压缩弹簧   c）拉伸弹簧   d）扭转弹簧

4）有效圈数在四圈以上的螺旋弹簧，其中间部分可以省略，只画出两端的一两圈，中间用通过簧丝断面中心的细点画线相连。圆柱螺旋弹簧中间部分省略后，允许适当缩短图形的长度。

（2）圆柱螺旋弹簧在装配图中的画法

圆柱螺旋弹簧在装配图中的画法如图 2—38 所示。画图时应注意以下两点：

1）被弹簧挡住的结构一般不画出，可见部分应从弹簧的外轮廓线或从弹簧钢丝剖面的中心线画起。

2）当弹簧的钢丝断面直径在图形上≤2 mm 时，可用示意画法或采用涂黑表示。

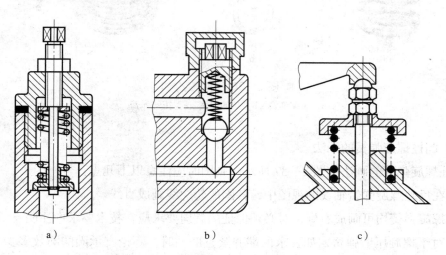

a）   b）   c）

● 图 2—38   圆柱螺旋弹簧在装配图中的画法

a）普通画法   b）示意画法   c）涂黑表示

§2—3　零件图与装配图

在日常生活和生产过程中都会遇到各种各样的机械。图 2—39 所示为 GYS 型有对中榫的凸缘联轴器，用于不同机器或部件的两轴之间的连接。它主要由左、右两个半联轴器组成，用螺栓连接为一体。要想了解其结构、工作原理及加工制造方法，就必须看懂零件图和装配图。

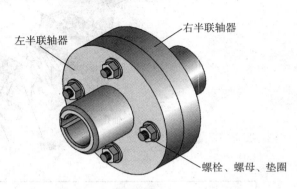

左半联轴器　　　　右半联轴器

螺栓、螺母、垫圈

● 图 2—39　GYS 型有对中榫的凸缘联轴器

一、零件图

任何机器都是由各种零件装配而成的，制造机器必须首先加工零件。表达零件的形状结构、尺寸和技术要求的图样称为零件图。如图 2—40 所示为 GYS 型有对中榫的凸缘联轴器上的左半联轴器的零件图，下面以此为例认识零件图。

1. 一组图形

在零件图中，可以采用适当的视图、剖视图、断面图等表达方法，以一组图形完整、清晰地表达零件各部分的形状和结构。

零件图的视图应根据零件的结构形状合理选择，在图 2—40 所示的零件图上有主视图和左视图。从图中可以看出，该零件由左侧的圆柱、中间的圆盘和右侧的凸台组成。在左半联轴器中间有一个轴孔，与被连接轴配合；在轴孔上有一个键槽，轴与左半联轴器的轴向连接采用键连接；在中间圆盘上有四个小圆孔。

2. 一组尺寸

为表达零件各部分的形状大小和相对位置关系，在零件图上标注了一组尺寸，以满足零件制造和检验的需要。零件图上的尺寸分为定形尺寸和定位尺寸两类。

（1）定形尺寸

确定各基本形体大小的尺寸称为定形尺寸。

在图 2—40 中，尺寸 $\phi 80$ mm、$\phi 30$ mm、$\phi 19H7$、45 mm、13 mm 和 3 mm 等都是定形尺寸。

（2）定位尺寸

确定形体间相对位置关系的尺寸称为定位尺寸。

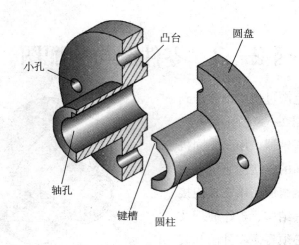

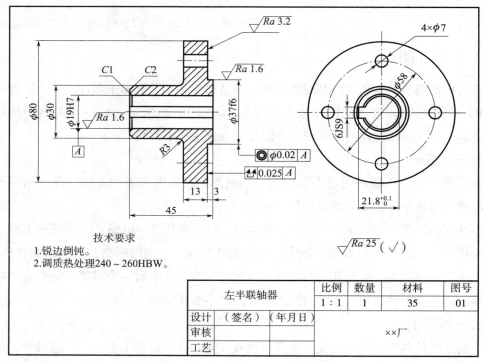

技术要求
1.锐边倒钝。
2.调质热处理240～260HBW。

左半联轴器	比例	数量	材料	图号
	1：1	1	35	01
设计	（签名）	（年月日）		
审核			××厂	
工艺				

● 图2—40　左半联轴器

在图2—40中，左视图上标注的尺寸 $\phi 58$ mm 为定位尺寸，它确定了四个小圆孔的位置。

3. 技术要求

在零件图上可以用规定的代号、数字、字母或另加文字注解，简明、准确地给出零件在制造和检验时应达到的质量要求，如尺寸公差、表面结构要求、几何公差、热处理以及零件性能要求等。在图2—40中标注了尺寸 $\phi 19H7$、$\phi 37f6$、$21.8_{0}^{+0.1}$ mm 等，它们都有尺寸公差要求。在图中还标注了 $\sqrt{Ra\,1.6}$ 、$\sqrt{Ra\,3.2}$ 和 $\sqrt{Ra\,25}$（$\sqrt{}$）等表面结构符号，以及 ⊚ $\phi0.02\ A$ 和 ⌯ $0.025\ A$ 等几何公差，并在图样的左下角用文字说明了零件的热处理要求等。有关尺寸公差、表面结构要求、几何公差、热处理的内容可查阅相关资料。

4. 标题栏

零件图的右下角绘制了标题栏。在标题栏中写明了设计单位名称、图样名称、图号、材料、比例，以及设计、审核、工艺人员签名和签名时间等。看图 2—40 的标题栏可知，该零件的名称是左半联轴器，制造零件所用的材料是 35 钢，绘图比例为 1∶1。

二、装配图

图 2—41 所示为凸缘联轴器的装配图，下面以此为例认识装配图。

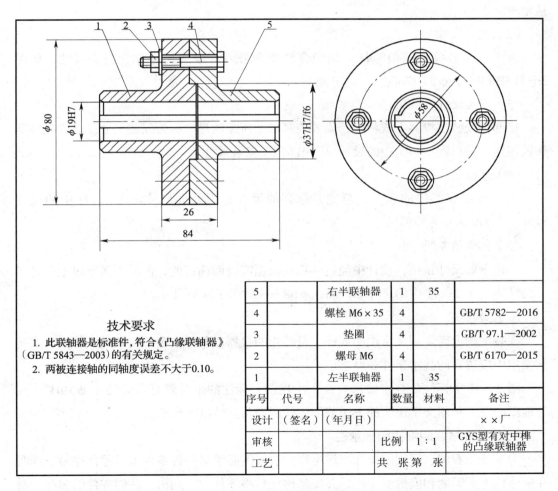

技术要求

1. 此联轴器是标准件，符合《凸缘联轴器》（GB/T 5843—2003）的有关规定。
2. 两被连接轴的同轴度误差不大于0.10。

5		右半联轴器	1	35	
4		螺栓 M6×35	4		GB/T 5782—2016
3		垫圈	4		GB/T 97.1—2002
2		螺母 M6	4		GB/T 6170—2015
1		左半联轴器	1	35	
序号	代号	名称	数量	材料	备注
设计	（签名）	（年月日）			××厂
审核			比例	1∶1	GYS型有对中榫的凸缘联轴器
工艺			共　张第　张		

● 图 2—41　GYS 型有对中榫的凸缘联轴器装配图

1. 一组图形

装配图可以运用必要的视图和各种表达方法，表达机器或部件的工作原理、零件之间的相互位置和装配连接关系，以及主要零件的基本结构形状。图2—41所示凸缘联轴器装配图用了主、左两个基本视图，主视图采用全剖视，左视图为外形图。

2. 必要的尺寸

装配图的尺寸主要是用来表达机器或部件的规格、性能，各零件之间的配合关系，装配体的总体大小以及安装要求等。一般需要注出以下几种尺寸：

（1）规格、性能尺寸

表示机器或部件规格大小或工作性能的尺寸称为规格、性能尺寸。这类尺寸是设计、了解和选用装配体的依据。图2—41中的尺寸 $\phi 19H7$ 是规格尺寸，它确定了所连接轴颈的大小。

（2）配合尺寸

表示有配合关系的两零件之间配合性质和公差等级的尺寸称为配合尺寸，如图2—41中的尺寸 $\phi 37H7/f6$。

（3）安装尺寸

将部件安装在机器上或将机器安装在基础上所需的尺寸称为安装尺寸。凸缘联轴器和轴相连，所以图2—41中的尺寸 $\phi 19H7$ 也是安装尺寸。

（4）外形尺寸

表示机器或部件的总长、总宽、总高的尺寸称为外形尺寸。图2—41中的尺寸84 mm、$\phi 80$ mm为外形尺寸。

（5）其他重要尺寸

其他重要尺寸是指在设计中经过计算或根据需要而确定的，但又不属于以上四种尺寸的尺寸。图2—41中的尺寸26 mm、$\phi 58$ mm就属于这类尺寸。

3. 技术要求

在装配图上需要用文字说明或标注符号指明机器或部件在装配、调试、检验、安装和使用中应遵守的技术条件和要求。

图2—41中标注的技术要求有：在主视图上标注的带公差要求的尺寸 $\phi 19H7$，在装配图的左下角用文字说明的关于装配体的制造及安装技术要求。

4. 零件序号、明细栏和标题栏

为了便于看图、管理图样和组织生产，装配图必须对每种零件编写零件序号。同时在标题栏上方编制相应的明细栏，并按零件序号将零件一一列出，注明零件的名称、材料、数量等。装配图上标题栏的形式与零件图上的标题栏基本一样。

巩固练习

1. 根据已知视图，按要求绘制其他视图。

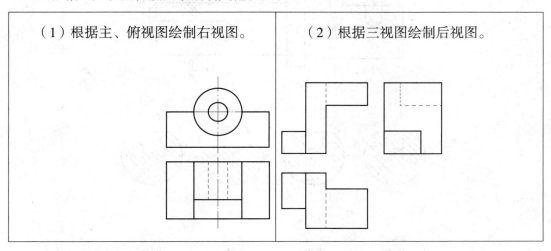

（1）根据主、俯视图绘制右视图。

（2）根据三视图绘制后视图。

2. 绘制剖视图。

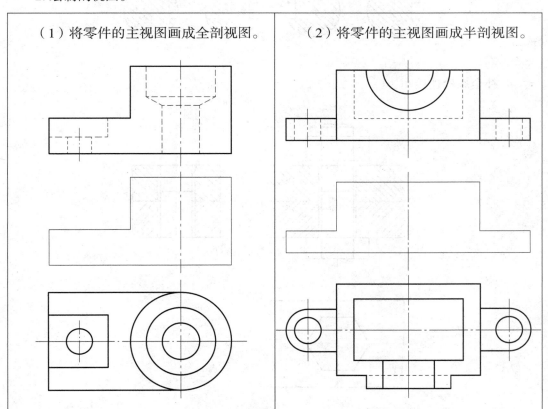

（1）将零件的主视图画成全剖视图。

（2）将零件的主视图画成半剖视图。

3. 选择正确的断面图，并在括号内画"√"。

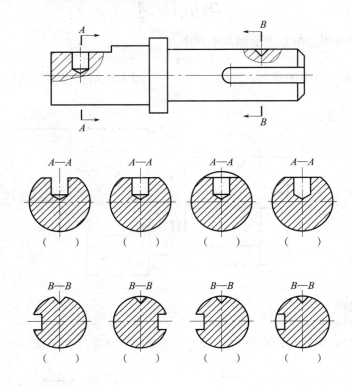

4. 补全螺栓连接图。

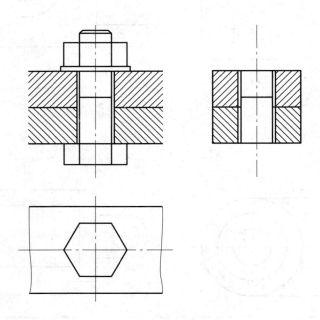

5. 完成齿轮啮合图。

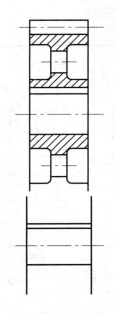 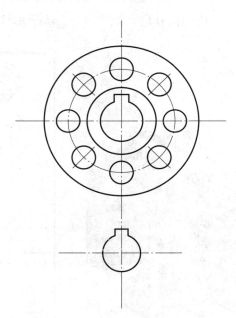

6. 完成键连接图。

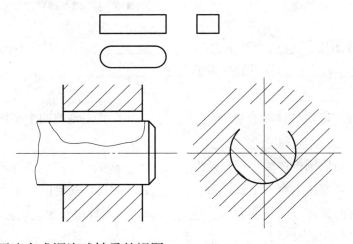

7. 用规定画法完成深沟球轴承的视图。

8. 识读旋塞阀的阀杆零件图。

旋塞阀是管路中一种常用的阀门，其结构如图 2—42 所示。它用螺纹连接在管路上，其特点是开关迅速。图中显示的是开的位置，当阀杆旋转 90° 后，阀门关闭；再次旋转 90°，则阀门开启。识读图 2—43 所示阀杆零件图，并回答问题。

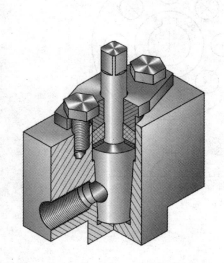

● 图 2—42　旋塞阀

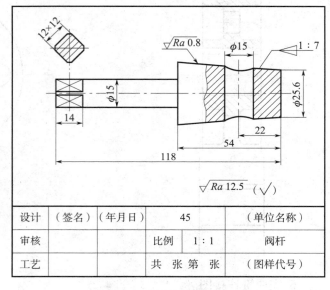

● 图 2—43　阀杆零件图

（1）该零件图用了_____个基本视图和一个_____图表达阀杆形状，其中主视图采用了_____剖视，其目的是为了表达_____，左上角的图是为了表达_____。

（2）该零件左侧圆柱体的直径为_____ mm，其左侧被四个平面切割，表达该结构的尺寸有_____和_____。

（3）该零件右侧圆锥体的小端直径为_____ mm。

（4）该零件圆锥体上有一个直径为_____ mm 的孔，其定位尺寸为_____ mm。

（5）该零件圆锥部分的长度为_____ mm，该零件总长为_____ mm。

（6）该零件所用的材料为_____钢。

第三章
AutoCAD 2018 绘图基础

图形一直是人类传递信息的重要方式。过去，人们一直用尺规手工绘制图形，效率低、精度低、劳动量大。随着计算机的发展，人们开始普遍采用计算机绘图。计算机绘图是使用图形软件和计算机硬件实现图形的制作、显示、有关标注以及打印输出的一种方法和技术。目前，国内最常用的图形软件有美国 Autodesk 公司的 AutoCAD 和北京北航海尔软件有限公司的 CAXA 电子图板等。下面介绍用 AutoCAD 2018 绘图的基本方法。

§3—1　AutoCAD 2018 入门

一、认识 AutoCAD 2018

1. 启动 AutoCAD 2018

启动 AutoCAD 2018 可以采用下列两种方法。

（1）双击快捷图标

双击桌面上的 AutoCAD 2018 快捷图标，可以启动 AutoCAD 2018 应用程序，如图 3—1 所示。

（2）选择菜单命令

选择"开始"菜单中的相应命令也可以启动 AutoCAD 2018 应用程序，如图 3—2 所示。

AutoCAD 2018 启动后的界面如图 3—3 所示。

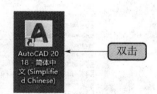

● 图 3—1　双击快捷图标

● 图 3—2　选择菜单命令

制图与机械常识（第三版）

● 图 3—3　AutoCAD 2018 启动界面

2. 新建图形文件

（1）单击 AutoCAD 2018 程序窗口左上角的"新建"按钮 📁 或选择菜单栏"文件"→"新建"命令（图 3—4），弹出"选择样板"对话框，如图 3—5 所示。

（2）单击图 3—5 中"打开"按钮右侧的箭头，再单击"无样板打开 – 公制"按钮，如图 3—5 所示。

● 图 3—4　新建图形文件（一）

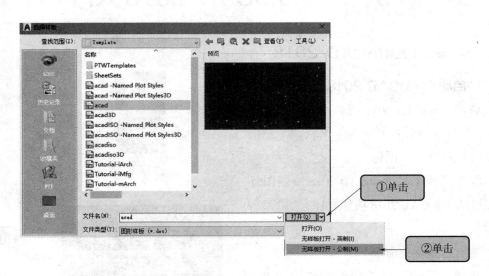

● 图 3—5　"选择样板"对话框

（3）新建一个 AutoCAD 2018 的图形文件，系统自动命名为"Drawing1.dwg"。

【小技巧】

弹出"选择样板"对话框还可以用下列方法：单击程序窗口左上角的"菜单浏览器"按钮 ，在弹出的菜单中选择"新建"命令（图3—6）。

● 图3—6　新建图形文件（二）

3. 退出 AutoCAD 2018

当使用完 AutoCAD 2018 应用程序后，单击 AutoCAD 2018 应用程序窗口右上角的"关闭"按钮，即可退出程序，如图3—7所示。

4. AutoCAD 2018 的工作空间

为满足用户的使用需求，AutoCAD 2018 提供了"草图与注释""三维基础"和"三维建模"三种工作空间。单击 AutoCAD 2018 程序窗口右下角的"切换工作空间"按钮，即可在弹出的菜单中切换工作空间，如图3—8所示。

● 图3—7　退出程序

● 图3—8　切换工作空间

"草图与注释"工作空间用于绘制二维图形，它也是 AutoCAD 2018 默认启动的工作空间；"三维基础"和"三维建模"工作空间用于绘制三维图形。本章主要介绍二维图形的绘制。

二、AutoCAD 2018"草图与注释"工作界面

AutoCAD 2018 的"草图与注释"工作界面主要由标题栏、菜单栏、功能区、绘图区、命令窗口和状态栏等组成，如图3—9所示。

1. 标题栏

标题栏位于 AutoCAD 2018 工作界面的顶部。如图3—10所示，标题栏主要包括菜单浏览器、快速访问工具栏、程序名称、文件名和窗口控制按钮等内容。

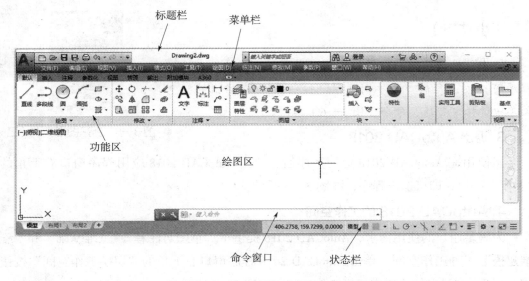

● 图3—9 "草图与注释"工作界面

● 图3—10 标题栏

快速访问工具栏位于窗口的左上方，AutoCAD 2018的几个最常用的命令放在这里，包括新建、打开、保存、另存为、打印、放弃以及重做等。当用户需要撤销或恢复已执行的操作步骤时，可以使用"放弃"和"重做"命令。其中，"放弃"命令用于撤销所执行的操作，"重做"命令用于恢复所撤销的操作。

窗口控制按钮位于标题栏最右端，主要有"最小化""恢复窗口大小 / 最大化""关闭"按钮，分别用于控制 AutoCAD 2018 窗口的大小和关闭。

【小技巧】

将光标移到某个按钮上，停留一段时间后，系统就会弹出显示该按钮帮助信息的窗口，如图3—11所示。

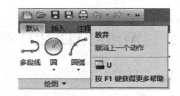

● 图3—11 AutoCAD 2018 的帮助功能

2. 菜单栏

菜单栏位于标题栏的下侧，如图3—12所示。AutoCAD 2018 的常用制图工具和管理编辑工具等都分门别类地排列在这些主菜单中，用户可以非常方便地启动各主菜单中的相关菜单项，进行必要的图形绘制和编辑工作。具体操作方法是：在主菜单项上单击鼠标左键（简称单击），展开此主菜单，然后将光标移至需要启动的命令选项上，再单击即可。

| 文件(F) | 编辑(E) | 视图(V) | 插入(I) | 格式(O) | 工具(T) | 绘图(D) | 标注(N) | 修改(M) | 参数(P) | 窗口(W) | 帮助(H) |

● 图3—12 菜单栏

AutoCAD 2018 为用户提供了"文件""编辑""视图""插入""格式""工具""绘图""标注""修改""参数""窗口""帮助"共12个主菜单，各菜单的主要功能如下。

（1）"文件"菜单

主要用于图形文件的新建、保存、关闭、打印以及发布等。

（2）"编辑"菜单

主要用于对图形进行一些常规的编辑，包括复制、粘贴等。

（3）"视图"菜单

主要用于调整和管理视图，以方便视图内图形的显示，便于查看和修改图形。

（4）"插入"菜单

用于向当前文件中引入外部资源，如块、参照、图像、布局以及超链接等。

（5）"格式"菜单

用于设置与绘图环境有关的参数和样式等，如绘图单位、颜色、线型及文字、尺寸样式等。

（6）"工具"菜单

为用户设置了一些辅助工具和常规的资源组织与管理工具。

（7）"绘图"菜单

是一个二维和三维图元的绘制菜单，几乎所有的绘图和建模工具都在此菜单内。

（8）"标注"菜单

是一个专用于为图形标注尺寸的菜单，它包含了所有与尺寸标注相关的工具。

（9）"修改"菜单

是一个很重要的菜单，用于对图形进行修整、编辑和完善。

（10）"参数"菜单

主要用于为图形添加几何约束和标注约束等。

（11）"窗口"菜单

用于对 AutoCAD 2018 文档窗口和工具栏状态进行控制。

（12）"帮助"菜单

主要为用户提供一些帮助性的信息。

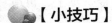

【小技巧】

如果在"草图与注释"工作界面中没有显示菜单栏，可以单击快速访问工具栏右端的下拉箭头，在弹出的菜单中单击"显示菜单栏"选项，如图3—13所示。要想取消显示菜单栏，可将光标移到菜单栏上，单击右键，在弹出的快捷菜单中单击 ✓ 显示菜单栏(B) 即可。

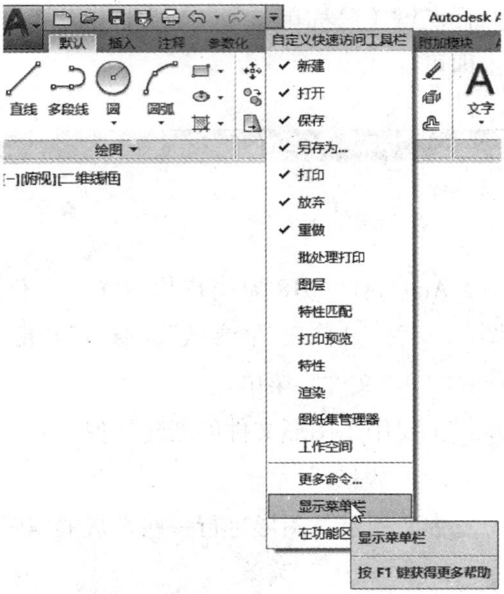

3. 功能区

AutoCAD 2018的功能区位于标题栏和菜单栏的下方，主要包括"默认""插入""注释""参数化""视图""管理""输出"等几部分。

● 图3—13　显示菜单栏

（1）"默认"功能区

单击"默认"标签，即可进入"默认"功能区，它包括"绘图""修改""注释""图层""块""特性""组""实用工具""剪贴板"和"视图"10个功能面板，如图3—14所示。

● 图3—14　"默认"功能区

（2）"插入"功能区

"插入"功能区包括"块""块定义""参照""点云""输入""数据""链接和提取""位置"和"内容"9个功能面板，如图3—15所示。

● 图3—15　"插入"功能区

（3）"注释"功能区

"注释"功能区包括"文字""标注""中心线""引线""表格""标记"和"注释缩

放"7 个功能面板，如图 3—16 所示。

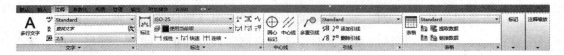

● 图 3—16 "注释"功能区

（4）"参数化"功能区

"参数化"功能区包括"几何""标注"和"管理"3 个功能面板，如图 3—17 所示。

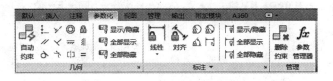

● 图 3—17 "参数化"功能区

其他功能区在此不再介绍，读者可以通过 AutoCAD 2018 软件的"帮助"功能或查阅其他相关资料进行自学。

4.绘图区

绘图区位于工作界面的正中央，即被功能区和命令窗口包围的整个区域，此区域是用户的工作区域，图样的绘制与修改工作就是在此区域内进行的。默认状态下，绘图区是一个无限大的电子屏幕，无论尺寸多大或多小的图样，都可以在绘图区中绘制和灵活显示。

当移动鼠标时，绘图区会出现一个随光标移动的十字符号，此符号为十字光标，它由十字线和小方框叠加而成，如图 3—18a 所示。当执行绘图命令时，十字光标会变为拾取点光标，如图 3—18b 所示。

5.命令窗口

命令窗口位于绘图区的下侧，它是用户与 AutoCAD 2018 软件进行数据交流的平台，主要功能就是提示和显示用户当前的操作步骤，如图 3—19 所示。

● 图 3—18 光标
a）十字光标 b）拾取点光标

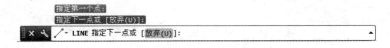

● 图 3—19 命令窗口

6. 状态栏

状态栏位于工作界面的最下方，包括当前光标的坐标和辅助工具栏，如图 3—20 所示。辅助工具栏的按钮主要提供一些辅助绘图功能，包括栅格、捕捉模式、动态输入、正交模式、极轴追踪、等轴测草图、对象捕捉追踪、对象捕捉、线宽、切换工作空间、全屏显示等开关按钮。单击它们可在启用与不启用之间切换。

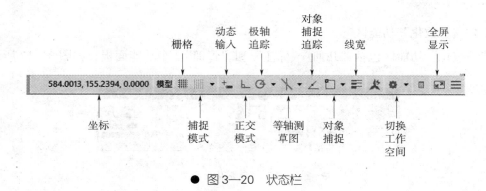

● 图 3—20　状态栏

§3—2　创建基本二维图形

本节介绍绘制基本二维图形的命令和操作方法，包括直线、圆、圆弧、矩形、多边形等。

一、绘制直线

"直线"命令主要用于绘制一条或多条直线段，也可以绘制首尾相连的闭合图形。执行"直线"命令的具体操作方法如下：

1. 单击"默认"→"绘图"→"直线"按钮，如图 3—21 所示。

2. 在绘图区单击指定直线的第一点，鼠标向上移动，如图 3—22 所示。

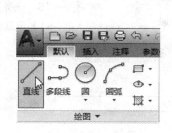

● 图 3—21　单击"直线"按钮

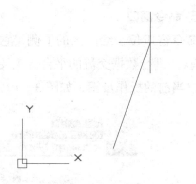

● 图 3—22　指定直线第一点

3. 单击辅助工具栏的"正交模式"按钮，启用正交模式，在命令行输入线段长度（如 500），按回车键，即可绘制出一条长度为 500 mm 的竖直线，如图 3—23 所示。按回车键（或空格键）结束直线的绘制。

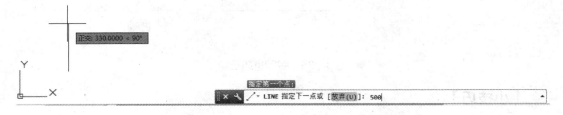

● 图 3—23　绘制 500 mm 的竖直线

【小技巧】

启动"直线"命令还可以采用以下几种方法：

（1）选择菜单栏"绘图"→"直线"选项。

（2）在命令行输入"Line（或 L）"后按回车键。

其他绘图命令的启动也有多种方法，一般情况下，本教材优先使用功能区中的按钮。

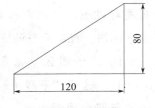

【例 1】绘制如图 3—24 所示的直角三角形。

单击"默认"→"绘图"→"直线"按钮，调用绘制直线的命令，系统给出如下提示：

● 图 3—24　直角三角形

命令：_line

指定第一个点：　　　　　　　　　// 用鼠标左键在屏幕上单击指定直线起点

指定下一点或［放弃（U）］：120

　// 单击状态栏中的"正交模式"按钮 ⊾，启用正交模式，然后沿水平方向向右

　　　　移动光标，输入"120"，按回车键，绘制出一条长为 120 mm 的水平线，

　　　　　　　　　　　　　　　　　　　　　　　　　　如图 3—25a 所示

指定下一点或［放弃（U）］：80

　　　　　　　　　// 沿垂直方向向上移动光标，输入"80"，按回车键，

　　　　　　　　　绘制出一条长为 80 mm 的垂直线，如图 3—25b 所示

指定下一点或［闭合（C）/放弃（U）］：C

　　　　　// 输入"C"，按回车键，垂直线的终点自动与水平线的起点连接起来，

　　　　　　　　　　　　　　　　　构成封闭的三角形，如图 3—25c 所示

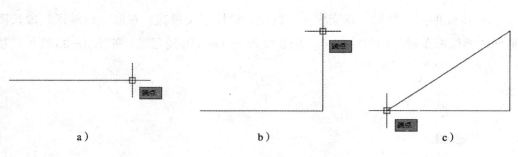

a)　　　　　　　　　　b)　　　　　　　　　　c)

● 图 3—25　绘制直角三角形

【小技巧】

AutoCAD 2018 为用户提供了视图控制功能，用户可以对视图进行显示范围的"平移"和"缩放"操作，以便更好地观看图形效果。

（1）视图平移

使用"平移"命令，可以对视图进行动态平移。平移只是对视图的显示进行更改，而不会更改图形中对象的位置或比例。视图平移的方法有以下两种：

1）在绘图区单击鼠标右键，弹出右键快捷菜单（图 3—26），选择"平移（A）"选项，光标变为手形图标🖐，将图标移到图形中央，按下鼠标左键并移动鼠标，即可将图形移动到所需要的位置。

2）按下鼠标滚轮，光标变为手形图标🖐，将图形移到合适的位置，释放鼠标滚轮，即可完成对图形的移动。

● 图 3—26　右键快捷菜单

（2）视图缩放

用户若要对图形中某个区域的细节进行编辑，可以对其进行放大以便于查看。视图缩放功能只会改变视图显示的大小，而不会改变图形中对象的绝对大小。视图缩放的方法有以下两种：

1）在绘图区单击鼠标右键，弹出右键快捷菜单（图 3—26），选择"缩放（Z）"选项，光标变为放大镜图标🔍，按下鼠标左键并移动鼠标，即可对图形进行放大或缩小。

2）将光标移动到缩放图形的中心位置，滚动鼠标滚轮也可对视图进行缩放。

二、绘制圆

AutoCAD 2018 共为用户提供了六种画圆的方式，如图 3—27 所示。其中，默认方式为"圆心、半径"画圆，当定位出圆心之后，再输入圆的半径即可精确画圆。

下面以绘制半径为 100 mm 的圆为例介绍绘制圆的方法。单击"默认"→"绘图"→"圆"按钮，即可启动"圆"命令，系统给出如下提示：

命令：_circle

指定圆的圆心或［三点（3P）/ 两点（2P）/ 切点、切点、半径（T）］：

// 在绘图区指定一点作为圆的圆心

指定圆的半径或［直径（D）］：100

// 输入"100"，按回车键，结果如图 3—28 所示

三、绘制圆弧

AutoCAD 2018 提供了多种创建圆弧的方法，如图 3—29 所示。其中，"三点"方法绘制圆弧最为常用。所谓"三点"画弧，指的是直接指定三个点即可定位出圆弧，所指定的第一个点和第三个点作为圆弧的起点和端点，如图 3—30 所示。此种画弧方式的命令行提示如下：

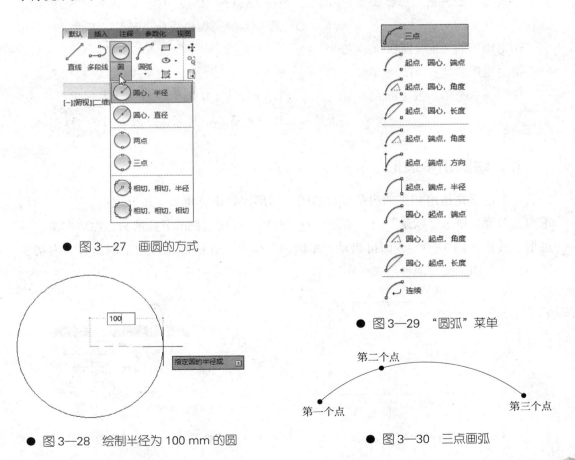

● 图 3—27 画圆的方式

● 图 3—29 "圆弧"菜单

● 图 3—28 绘制半径为 100 mm 的圆

● 图 3—30 三点画弧

命令：_arc
指定圆弧的起点或［圆心（C）］：　　　　　// 指定一个点作为圆弧的起点
指定圆弧的第二个点或［圆心（C）/端点（E）］：
　　　　　　　　　　　　　// 在适当位置指定圆弧上的第二个点
指定圆弧的端点：　　　　　// 在适当位置指定圆弧上的第三个点作为圆弧的端点

四、绘制矩形

矩形在图样上使用的频率很高，它是一个由四条直线元素组合而成的闭合对象，AutoCAD 将其看作是一条闭合的多段线。单击"默认"→"绘图"→"矩形"按钮，即可启动"矩形"命令。根据命令行的提示，使用默认对角点方式绘制矩形的操作如下：

指定第一个角点或［倒角（C）/标高（E）/圆角（F）/厚度（T）/宽度（W）］：
　　　　　　　　　　// 在适当位置指定一点作为矩形的第一角点
指定另一个角点或［面积（A）/尺寸（D）/旋转（R）］：D
　　　　　　　　// 输入"D"按回车键，或单击命令行的"尺寸（D）"
指定矩形的长度 <10.0000>：200　　　　　　　// 输入"200"，按回车键
指定矩形的宽度 <10.0000>：100　　　　　　　// 输入"100"，按回车键
指定另一个角点或［面积（A）/尺寸（D）/旋转（R）］：
　　　　　　　　// 单击鼠标左键确定第二个角点，结果如图 3—31 所示

五、绘制正多边形

正多边形是指由相等的边角组成的闭合图形，如正三角形、正五边形、正六边形、正八边形等。单击"默认"→"绘图"→"矩形"按钮右侧的下拉箭头，然后单击"多边形"按钮（图 3—32），即可启动"多边形"命令。在绘制正多边形时，有"内接于圆"和"外切于圆"两种形式。

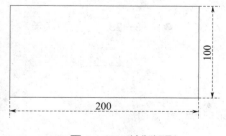

● 图 3—31　绘制矩形

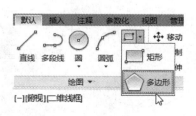

● 图 3—32　"多边形"按钮

1."内接于圆"方式画正多边形

此种方式为系统默认方式，在指定了正多边形的边数和中心点后，直接输入正多边形外接圆的半径，即可精确绘制正多边形。其命令行提示如下：

> 命令：_polygon 输入侧面数 <4>：6
>
> // 输入"6"，按回车键，设置正多边形的边数为 6
>
> 指定正多边形的中心点或［边（E）］：　　　　// 在绘图区指定一点作为中心点
>
> 输入选项［内接于圆（I）/外切于圆（C）］<I>：　　　　// 按回车键
>
> 指定圆的半径：100　　　　// 输入"100"，按回车键，结果如图 3—33 所示

2."外切于圆"方式画正多边形

当确定了正多边形的边数和中心点之后，使用此种方式输入正多边形内切圆的半径，即可绘制出正多边形。其命令行提示如下：

> 命令：_polygon 输入侧面数 <4>：6
>
> // 输入"6"，按回车键，设置正多边形的边数为 6
>
> 指定正多边形的中心点或［边（E）］：　　　　// 在绘图区指定一点作为中心点
>
> 输入选项［内接于圆（I）/外切于圆（C）］<C>：C
>
> // 输入"C"，按回车键，激活"外切于圆"选项
>
> 指定圆的半径：100　　　　// 输入"100"，按回车键，结果如图 3—34 所示

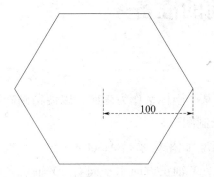

● 图 3—33　内接于半径为 100 mm 圆的
　　　　　　正六边形

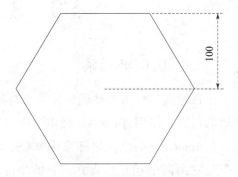

● 图 3—34　外切于半径为 100 mm 圆的
　　　　　　正六边形

【小技巧】

在绘制正多边形时，当选定中心点位置后，屏幕上会自动弹出"输入选项"卡（图 3—35），单击其中的某一个选项，即可确定所绘制正多边形是内接于圆还是外切于圆。

六、绘制点

AutoCAD 2018 共为用户提供了 20 种点样式，选择菜单栏"格式"→"点样式"选项，即可打开"点样式"对话框（图 3—36），用户可以从中选择所需要的点样式。

使用"单点"命令一次绘制一个点对象。当执行该命令绘制完单个点后，系统自动结束此命令。启动"单点"命令的主要方式为选择菜单栏"绘图"→"点"→"单点"选项。

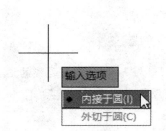

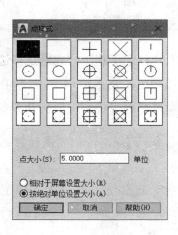

● 图 3—35　正多边形的"输入选项"卡　　　　● 图 3—36　"点样式"对话框

§3—3　绘图前的准备

一、认识坐标系

在绘图过程中要精确定位某个对象时，必须以某个坐标系作为参照，以便精确确定点的位置。使用 AutoCAD 提供的坐标系可以精确绘制图形。

AutoCAD 的默认坐标系为 WCS，即世界坐标系。此坐标系是 AutoCAD 的基本坐标系，它由两个相互垂直并相交的坐标轴 X、Y 组成，X 轴正方向水平向右，Y 轴正方向垂直向上，坐标原点在绘图区左下角，如图 3—37 所示。如果在三维空间工作，还有一个 Z 轴。

1. 绝对坐标

（1）绝对直角坐标

绝对直角坐标是以原点（0，0）为参照点来定位所有的点，其表达式为（X，Y），用户可以通过输入点的实际 X、Y 坐标值来定义点的坐标。

若 B 点的 X 坐标值为 35（即该点在 X 轴上的垂足到原点的距离为 35 个图形单位），Y 坐标值为 15（即该点在 Y 轴上的垂足到原点的距离为 15 个图形单位），那么 B 点的绝对直角坐标表达式为（35，15）。

（2）绝对极坐标

绝对极坐标是以原点作为极点，通过相对于原点的极长和角度来定义点的位置，其表达式为（$L<\alpha$）。α 为极长 L 与 X 轴正方向的夹角。

2. 相对坐标

相对坐标是指相对于某一点的 X 轴和 Y 轴位移，或距离和角度。它的表示方法是在绝对坐标表达式前加上"@"号，如（@–13，8）和（@11<24）。其中，相对极坐标中的角度是新点和上一点连线与 X 轴的夹角。

【例 2】绘制如图 3—38 所示三角形 ABC，其中 A 点坐标为（40，50），B 点相对于 A 点的相对直角坐标为（@120，150），C 点相对于 A 点的相对极坐标为（@150<12）。

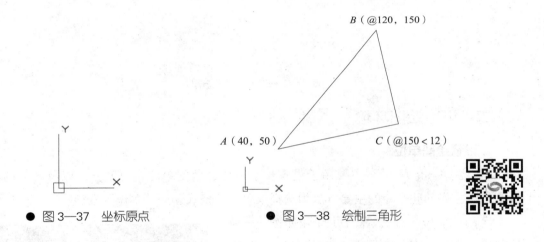

● 图 3—37 坐标原点　　　　● 图 3—38 绘制三角形

单击"默认"→"绘图"→"直线"按钮，调用绘制直线的命令，系统给出如下提示：

```
命令：_line
指定第一个点：40，50                    // 输入绝对坐标（40，50）
指定下一点或［放弃（U）］：@120，150    // 输入相对直角坐标（@120，150）
指定下一点或［放弃（U）］：
                          // 按回车键，结束直线 AB 的绘制，如图 3—39a 所示
命令：
                          // 按回车键，重复"直线"命令
```

命令：_line

指定第一个点：   // 打开"对象捕捉"，捕捉 A 点，单击确认

指定下一点或［放弃（U）］: @150<12

                   // 输入相对极坐标（@150<12），按回车键，如图 3—39b 所示

指定下一点或［放弃（U）］:   // 单击 B 点

指定下一点或［闭合（C）/放弃（U）］:   // 按回车键，结果如图 3—39c 所示

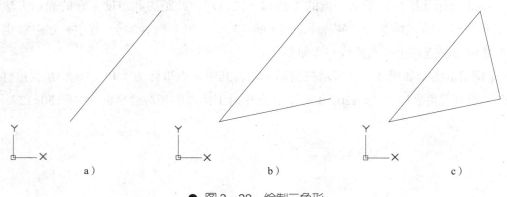

● 图 3—39　绘制三角形

二、设置绘图环境

1. 设置绘图单位

"单位（Units）"命令主要用于设置长度单位、角度单位、角度方向以及各自的精度等参数。启动此命令的主要方法为选择菜单栏"格式"→"单位"选项。

启动"单位"命令后，可打开如图 3—40 所示的"图形单位"对话框，在此对话框中可以进行以下参数设置。

☆在"长度"选项组中展开"类型"下拉列表框，可设置长度的类型，默认为"小数"。

☆在"长度"选项组中展开"精度"下拉列表框，可设置长度的精度，默认为"0.0000"。

☆在"角度"选项组中展开"类型"下拉列表框，可设置角度的类型，默认为"十进制度数"。

☆在"角度"选项组中展开"精度"下拉列表框，可设置角度的精度，默认为"0"，用

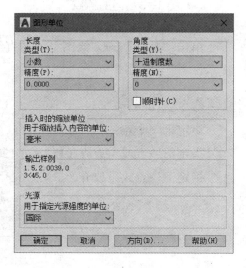

● 图 3—40　"图形单位"对话框

户可以根据需要进行设置。

　　☆ "角度"选项组中的"顺时针"复选框用于设置角度的方向。如果选中该复选框，则在绘图过程中以顺时针为正角度方向，否则以逆时针为正角度方向。

　　☆ "插入时的缩放单位"下拉列表框用于设置缩放插入内容的单位，默认为"毫米"。

2. 设置图层

　　在机械图样中有粗实线、细实线、细虚线、细点画线、细双点画线等类型的图线，用于表达不同的对象。AutoCAD 2018 为了便于对不同类型图线进行分类管理，设置了图层管理工具，用户可以建立多个图层，将每种图线放置在一个图层上。在绘图时，用户可以自行设置图层的数量、名称、颜色、线型、线宽等。

　　单击"默认"→"图层"→"图层特性"按钮，可打开"图层特性管理器"对话框，如图 3—41 所示。

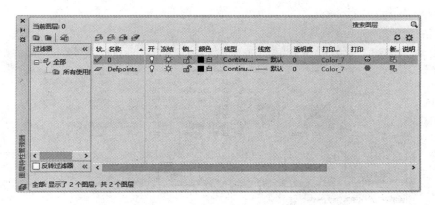

● 图 3—41　"图层特性管理器"对话框

（1）新建图层

　　单击图 3—41 所示对话框中的"新建图层"按钮 🖧，新图层将以临时名称"图层1"显示在列表中，如图 3—42 所示。

● 图 3—42　新建图层

　　用户可以对"图层 1"进行重命名，如改为"粗实线"，即创建了"粗实线"图层。用同样的方法可以创建"细实线""细虚线""细点画线""细双点画线"等图层，如图3—43 所示。

● 图3—43　创建多个图层

（2）设置图层线型

AutoCAD 2018 提供了各种类型的线型，用户可以通过对"图层特性管理器"对话框中的线型进行设置，得到需要的线型。下面以设置"细点画线"图层的线型为例说明设置线型的方法。

1）在如图3—44 所示的相应图层的线型位置上单击，打开"选择线型"对话框，如图3—45 所示。

2）单击"加载"按钮（图3—45），打开"加载或重载线型"对话框，如图3—46所示。

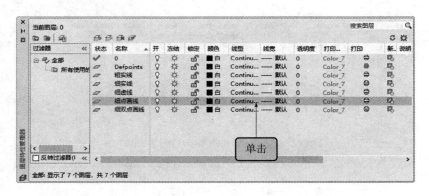

● 图3—44　打开"选择线型"对话框

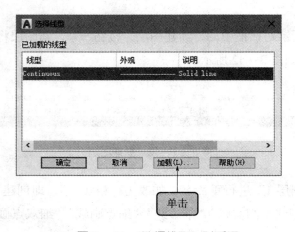

● 图3—45　"选择线型"对话框

3）选择"CENTER"线型，单击"确定"按钮，选择的线型即被加载到"选择线型"对话框内，如图 3—47 所示。

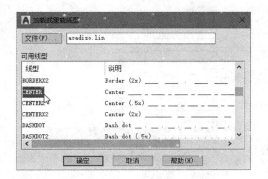

● 图 3—46　"加载或重载线型"对话框

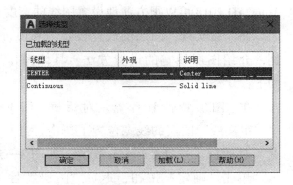

● 图 3—47　加载线型

4）选择刚加载的线型，单击"确定"按钮，即可将此线型加载给当前被选择的图层，结果如图 3—48 所示。

其他图层的线型可根据图 3—49 进行设置。

● 图 3—48　设置线型

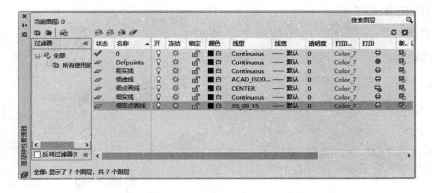

● 图 3—49　其他图层的线型设置

（3）设置图层线宽

机械图样对图线宽度有非常严格的要求，而 AutoCAD 2018 可以很方便地设置图线的宽度。下面以将"粗实线"图层的线宽设置为 0.30 mm 为例，介绍图层线宽的设置方法。具体操作过程如下：

在"图层特性管理器"对话框（图3—48）中"粗实线"图层的线宽位置上单击，打开"线宽"对话框，选择 0.30 mm 线宽，如图3—50所示。单击"确定"按钮，返回"图层特性管理器"对话框，"粗实线"图层的线宽即被设置为 0.30 mm，如图3—51所示。其他图层的线宽可设置为 0.15 mm。

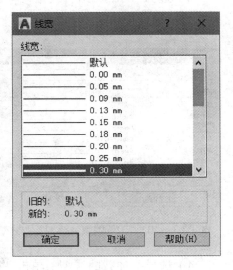

● 图3—50 "线宽"对话框

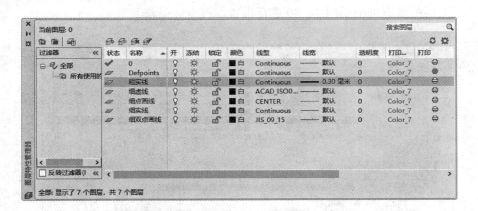

● 图3—51 将粗实线线宽设置为 0.30 mm

3. 设置文字样式

"文字样式"命令主要用于控制文字外观效果，如字体、字号、倾斜角度、旋转角度以及其他特殊效果等。单击"默认"→"注释"→"文字样式"按钮（图3—52），弹出"文字样式"对话框（图3—53），即可新建文字样式或对已有的文字样式进行修改，具体设置方法将在后面介绍。

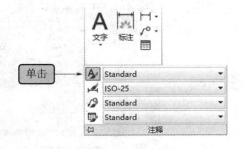

● 图3—52 "文字样式"按钮

● 图 3—53 "文字样式"对话框

4. 设置标注样式

一个完整的尺寸标注一般包括标注文字、尺寸线、尺寸界线和箭头等尺寸元素，而这些尺寸元素都是通过"标注样式"命令进行协调的。单击"默认"→"注释"→"标注样式"按钮（图3—54），弹出"标注样式管理器"对话框（图3—55），即可新建标注样式或对已有的标注样式进行修改，具体设置方法将在后面介绍。

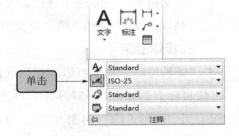

● 图 3—54 "标注样式"按钮

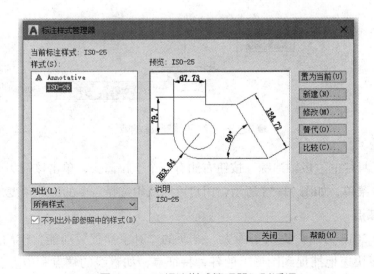

● 图 3—55 "标注样式管理器"对话框

三、绘图辅助工具

绘图辅助工具有很多，在实际绘图中使用较多的是"正交模式""极轴追踪""对象捕捉""对象捕捉追踪"等，如图 3—56 所示。

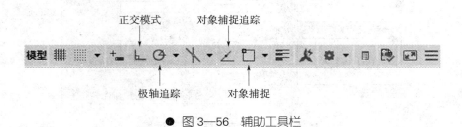

● 图 3—56 辅助工具栏

1. 正交模式

"正交模式"功能用于将光标强行控制在水平或垂直方向上，以绘制水平或垂直的线段。单击辅助工具栏上的"正交模式"按钮 ∟，可以启动或关闭正交模式。

2. 极轴追踪

"极轴追踪"功能可以根据当前设置的追踪角度，引出相应的极轴追踪点线，追踪定位目标点，如图 3—57 所示。单击辅助工具栏上的"极轴追踪"按钮 ⊙，可以启动或关闭"极轴追踪"功能。"正交模式"和"极轴追踪"不能同时打开，因为前者是使光标限制在水平或垂直轴上，而后者则可以追踪任意方向矢量。

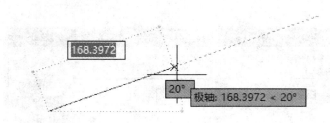

● 图 3—57 极轴追踪的效果

在辅助工具栏的"极轴追踪"按钮右侧有一个下拉箭头，单击该箭头可以打开"正在追踪设置"菜单，如图 3—58 所示，用户可以从中选择需要的追踪角度。

3. 对象捕捉

AutoCAD 2018 为用户提供了强大、方便的"对象捕捉"功能，使用此捕捉功能，可以非常方便快速地捕捉到图形上的各种特征点，如直线的端点和中点、圆的圆心和象限点等。单击辅助工具栏上的"对象捕捉"按钮 ▫，即可启动或关闭"对象捕捉"功能。

在"对象捕捉"按钮 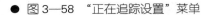 右侧有一个下拉箭头，单击该箭头可以打开"对象捕捉设置"菜单，勾选常用的特征点，如图3—59所示。

● 图3—58 "正在追踪设置"菜单　　　　● 图3—59 "对象捕捉设置"菜单

启动"对象捕捉"功能后，将光标放在对象上时，系统会自动显示标记符号，如图3—60所示。

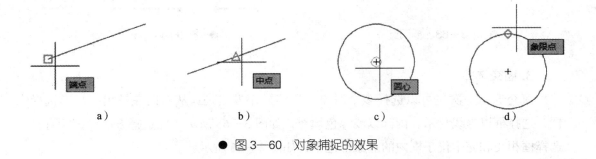

● 图3—60 对象捕捉的效果

4. 对象捕捉追踪

"对象捕捉追踪"功能可以将对象上的某些特征点作为追踪点，引出向两端无限延伸的对象追踪点线，如图3—61所示。在此追踪点线上拾取点或输入距离值，即可精确定位到目标点。单击辅助工具栏上的"对象捕捉追踪"按钮 ∠，即可启动或关闭"对象捕捉追踪"功能。

四、选择对象

在使用 AutoCAD 2018 绘制图形时，常需要对图形对象进行编辑，这就必须先选择对象。下面介绍几种常用的选择方法。

1. 点选

点选是最基本、最简单的一种选择方法，此方法一次只能选择一个对象。具体操作方法是：将光标移到所选的对象上单击，即可选中该对象。被选中对象的图线变宽并呈现深蓝色，如图3—62所示。

● 图3—61 对象捕捉追踪的效果   ● 图3—62 点选对象

2. 窗口选择

窗口选择一次可以选择多个对象。具体操作方法是：从左向右拉出一矩形选择框，选择框以实线显示，内部以浅蓝色填充，如图3—63所示。此选择方法能把完全位于框内的对象选中，如图3—64所示。

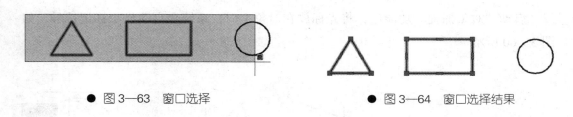

● 图3—63 窗口选择   ● 图3—64 窗口选择结果

3. 窗交选择

窗交选择一次也可以选择多个对象。具体操作方法是：从右向左拉出一矩形选择框，选择框以虚线显示，内部以浅绿色填充，如图3—65所示。此选择方法能把所有与选择框相交和完全位于框内的对象都选中，如图3—66所示。

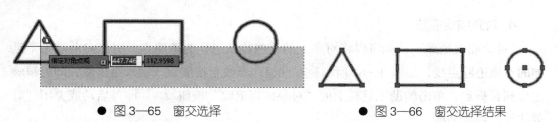

● 图3—65 窗交选择   ● 图3—66 窗交选择结果

【小技巧】

按键盘上的"Esc"键，或者在绘图区单击右键，在弹出的右键快捷菜单中选择"全部不选"选项，即可取消已选中的对象。按键盘上的"Delete"键可以删除选中的对象。

【例3】创建机械制图图形样板。

样板文件是一个包含特定图形设置的图形文件（扩展名为".dwt"），是为了保证同一项目中所有图形文件使用相同的图层、绘图单位、文字样式、标注样式等对象特征而设置的。

创建图形样板包含设置图层、绘图单位、文字样式、标注样式等操作，具体步骤如下：

（1）新建图形文件

启动 AutoCAD 2018，打开"选择样板"对话框，单击"打开"按钮右侧的箭头，再单击"无样板打开 – 公制"按钮，新建一个 AutoCAD 2018 的图形文件，系统自动命名为"Drawing1.dwg"。

（2）设置图层

单击"默认"→"图层"→"图层特性"按钮，打开"图层特性管理器"对话框，完成对图层的设置，结果如图 3—67 所示。

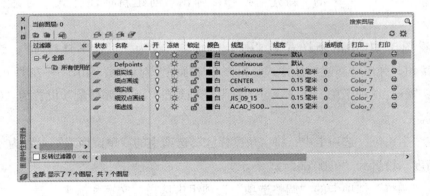

● 图 3—67　图层设置结果

（3）设置绘图单位

执行菜单栏"格式"→"单位"命令，打开"图形单位"对话框，设置长度的类型为"小数"，长度的精度为"0.00"，角度的类型为"度/分/秒"，角度的精度为"0d00′00″"，如图 3—68 所示。单击"确定"按钮关闭对话框。

（4）设置文字样式

单击"默认"→"注释"→"文字样式"按钮，弹出"文字样式"对话框，将"Standard"样式的字体名设置成"宋体"，其他采用默认设置，如图 3—69 所示。单击"应用"按钮，然后关闭对话框。

● 图 3—68　绘图单位设置结果　　　　　● 图 3—69　文字样式设置结果

（5）设置标注样式

1）单击"默认"→"注释"→"标注样式"按钮，弹出"标注样式管理器"对话框，如图 3—70 所示。

2）单击图 3—70 中的"新建"按钮，弹出"创建新标注样式"对话框，如图 3—71 所示。

3）将图 3—71 中的新样式名"副本 ISO-25"改为"机械图样标注"，然后单击"继续"按钮，弹出"新建标注样式：机械图样标注"对话框，如图 3—72 所示。

①在"线"选项卡中，将"尺寸界线"选项组的"起点偏移量"设置为"0"，其他保持不变。

②在"主单位"选项卡中，将"角度标注"选项组的"单位格式"设置为"度 / 分 / 秒"，"精度"设置为"0d00′00″"。

③在"调整"选项卡的"调整选项"选项组中选择"文字和箭头"。

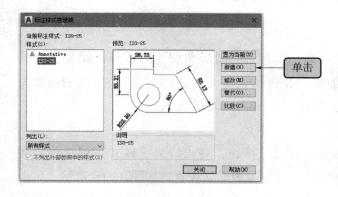 

● 图 3—70　"标注样式管理器"对话框　　　● 图 3—71　"创建新标注样式"对话框

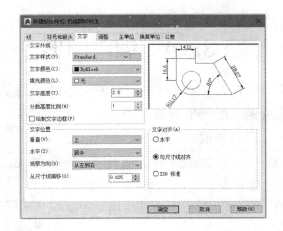

● 图3—72 "新建标注样式：机械图样标注"对话框

　　其他各项参数采用默认设置，单击"确定"按钮，完成标注样式的设置。然后依次单击"标注样式管理器"对话框中的"置为当前"按钮和"关闭"按钮，即可将"机械图样标注"标注样式设为当前的标注样式。

　　（6）保存图形样板

　　选择菜单栏"文件"→"另存为"选项，弹出"图形另存为"对话框，输入文件名"机械制图图形样板"，在"文件类型"栏中选择"AutoCAD 图形样板（*.dwt）"，如图3—73 所示，单击"保存"按钮保存图形样板。

　　保存完成后，弹出如图3—74 所示的"样板选项"对话框，可以输入对该图形样板的简短描述，单击"确定"按钮，完成图形样板的创建。以后的绘图工作就可以在此图形样板的基础上进行了。

● 图3—73 保存样板文件　　　　　● 图3—74 "样板选项"对话框

§3—4 编辑图形

AutoCAD 2018 除了拥有大量的二维图形绘制命令外，还提供了功能强大的二维图形编辑命令，用户可以利用编辑命令对图形进行修改。二维图形编辑命令按钮集中在"默认"功能区的"修改"功能面板上，如图 3—75 所示。本节主要介绍"移动""旋转""复制""镜像""偏移""修剪""打断"等命令以及使用夹点编辑图形的方法。

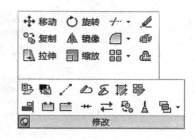

● 图 3—75 "修改"功能面板

一、"移动"命令

"移动"命令用于将选择的图形对象从一个位置移动到另一个位置，移动的结果仅是图形位置上的改变，图形的形状及大小不会发生改变。单击"默认"→"修改"→"移动"按钮，即可启动该命令。下面通过一个实例介绍其使用方法。

【例 4】如图 3—76 所示，将圆移动到矩形中心。

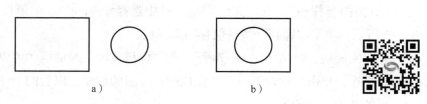

a)　　　　　　　　　　　b)

● 图 3—76 移动对象

a）移动前 b）移动后

单击"默认"→"修改"→"移动"按钮，启动"移动"命令。系统给出如下提示：

```
命令：_move
选择对象：找到 1 个                          // 选择圆作为移动对象
选择对象：                          // 按回车键，结束移动对象的选择
指定基点或［位移（D）］<位移>：          // 捕捉圆心作为移动基点
指定第二个点或 <使用第一个点作为位移>：
            // 移动光标到矩形的中心并单击，完成图形移动，如图 3—76b 所示
```

二、"旋转"命令

"旋转"命令用于将图形对象绕指定的基点进行角度旋转。单击"默认"→"修改"→"旋转"按钮，即可启动该命令。下面通过一个实例介绍其使用方法。

【例5】将图3—77a所示矩形旋转35°。

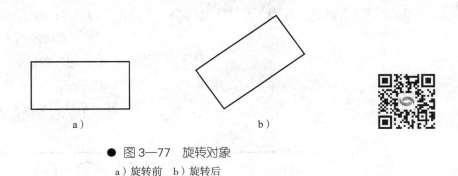

a）　　　　　　　　　　　　　　b）

● 图3—77　旋转对象

a）旋转前　b）旋转后

单击"默认"→"修改"→"旋转"按钮，启动"旋转"命令。系统给出如下提示：

命令：_rotate

UCS 当前的正角方向：ANGDIR= 逆时针　　ANGBASE=0d0'0"

选择对象：找到1个　　　　　　　　　　　// 选择矩形作为旋转对象

选择对象：　　　　　　　　　　　　// 按回车键，结束旋转对象的选择

指定基点：　　　　　　　　　　　　// 捕捉矩形左下角端点并单击

指定旋转角度，或［复制（C）/参照（R）］<0d0'0">: 35

　　　　　　　　　　　　// 输入"35"，按回车键，结果如图3—77b 所示

三、"复制"命令

"复制"命令用于将选定的图形对象进行基点复制，复制的结果可以是一份，也可以是多份。使用"复制"命令可以创建结构相同、位置不同的对象。单击"默认"→"修改"→"复制"按钮，即可启动该命令。下面通过一个实例介绍其使用方法。

【例6】如图3—78a所示，在图中十字线的交点处绘制与左上角圆大小相同的圆。

单击"默认"→"修改"→"复制"按钮，启动"复制"命令。系统给出如下提示：

```
命令：_copy
选择对象：找到 1 个                              // 选择圆作为复制对象
选择对象：                                       // 按回车键，结束复制对象的选择
当前设置：复制模式 = 多个
指定基点或 [位移（D）/ 模式（O）] < 位移 >：       // 捕捉圆心作为复制基点
指定第二个点或 [阵列（A）] < 使用第一个点作为位移 >：
                                                // 单击圆右侧的第一个十字交叉点
……                                             // 单击其他各十字交叉点
指定第二个点或 [阵列（A）/ 退出（E）/ 放弃（U）] < 退出 >：
                                                // 按回车键，结果如图 3—78b 所示
```

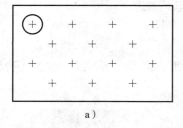 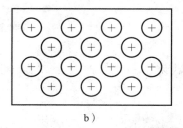

a)　　　　　　　　　　　　　　b)

● 图 3—78　复制对象

a）复制前　b）复制后

四、"镜像" 命令

"镜像"命令用于将选择的图形对象沿着指定的两点进行对称复制，常用于创建一些对称的图形。单击"默认"→"修改"→"镜像"按钮，即可启动该命令。下面通过一个实例介绍其使用方法。

【例 7】如图 3—79 所示，用镜像的方法创建右侧的三角形。

a)　　　　　　　　　　　　　b)

● 图 3—79　镜像对象

a）镜像前　b）镜像后

单击"默认"→"修改"→"镜像"按钮，启动"镜像"命令。系统给出如下提示：

命令：_mirror

选择对象：指定对角点：找到 3 个　　　　　　　　// 选择三角形作为镜像对象

选择对象：　　　　　　　　　　　　　　　　　// 按回车键，结束镜像对象的选择

指定镜像线的第一点：　　　　　　　　　　　// 单击细点画线上端点

指定镜像线的第二点：　　　　　　　　　　　// 单击细点画线下端点

要删除源对象吗？［是（Y）/否（N）］<否>：

　　　　　　　　　　　　　　　　// 按回车键，完成绘图，结果如图 3—79b 所示

五、"偏移"命令

"偏移"命令用于将选定的图形对象按照一定的距离或指定的通过点进行偏移。实际应用中，常利用"偏移"命令创建平行线。单击"默认"→"修改"→"偏移"按钮，即可启动该命令。下面通过一个实例介绍其使用方法。

【例 8】如图 3—80 所示，已知直线 AB，要求利用"偏移"命令在其下方绘制一条该直线的平行线，并使其与直线 AB 间的距离为 85 mm。

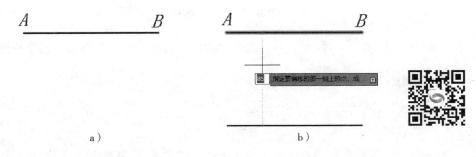

a）　　　　　　　　　　　　　　　　b）

● 图 3—80　偏移直线

a）偏移前　b）偏移后

单击"默认"→"修改"→"偏移"按钮，启动"偏移"命令。系统给出如下提示：

命令：_offset

当前设置：删除源 = 否　图层 = 源　OFFSETGAPTYPE=0

指定偏移距离或［通过（T）/删除（E）/图层（L）］< 通过 >：85

　　　　　　　　　　　　　　　　　　　　// 输入 "85"，按回车键

选择要偏移的对象，或［退出（E）/放弃（U）］＜退出＞：　　　// 选择直线 AB

指定要偏移的那一侧上的点，或［退出（E）/多个（M）/放弃（U）］＜退出＞：

　　　　　　　　　　　　　　　　　　　　　　　　　// 在直线 AB 下方单击

选择要偏移的对象，或［退出（E）/放弃（U）］＜退出＞：

　　　　　　　　　　　　　　　　　　　// 按回车键，结果如图 3—80b 所示

"偏移"命令还可以偏移矩形、圆或其他图形对象，在此不再赘述。

六、"修剪"命令

"修剪"命令主要用于修剪掉对象上指定的部分。单击"默认"→"修改"→"修剪"按钮 -/--，即可启动该命令。下面通过一个实例介绍其使用方法。

【例9】使用"修剪"命令将图 3—81a 所示图形修改成图 3—81c 所示图形。

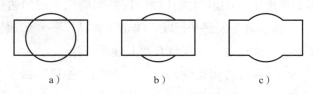

● 图 3—81　修剪对象

a）修剪前　b）第一次修剪后　c）最后结果

单击"默认"→"修改"→"修剪"按钮，启动"修剪"命令。系统给出如下提示：

命令：_trim

当前设置：投影 =UCS，边 = 无

选择剪切边 …

选择对象或 ＜全部选择＞：找到 1 个　　　// 选择矩形的上边线作为修剪的边界线

选择对象：找到 1 个，总计 2 个　　　　// 选择矩形的下边线作为修剪的边界线

选择对象：　　　　　　　　　　　　　　　　// 按回车键，结束选择

选择要修剪的对象，或按住 Shift 键选择要延伸的对象，或

［栏选（F）/窗交（C）/投影（P）/边（E）/删除（R）/放弃（U）］：

　　　　　　　　　　　　　　　　　　　　　　　　　　　// 选择左侧圆弧

选择要修剪的对象，或按住 Shift 键选择要延伸的对象，或

［栏选（F）/窗交（C）/投影（P）/边（E）/删除（R）/放弃（U）］：

　　　　　　　　　　　　　　　　　　　　　　　　　　　// 选择右侧圆弧

选择要修剪的对象，或按住 Shift 键选择要延伸的对象，或

［栏选（F）/窗交（C）/投影（P）/边（E）/删除（R）/放弃（U）］：

// 按回车键结束修剪，结果如图 3—81b 所示

直线的修剪与圆弧类似，读者可按照图 3—81c 完成直线的修剪。

七、"打断" 命令

"打断" 命令用于打断并删除图形对象上的部分图线，如图 3—82 所示。打断对象与修剪对象都可以删除图形上的一部分，但是两者有着本质的区别，修剪对象必须有修剪边界的限制，而打断对象可以删除对象上任意两点之间的部分。启动 "打断" 命令的方法为：单击 "默认" → "修改" 面板的下拉箭头，在展开的面板上单击 "打断" 按钮。下面通过一个实例介绍其使用方法。

【例 10】对图 3—82a 所示矩形进行打断操作，结果如图 3—82b 所示。

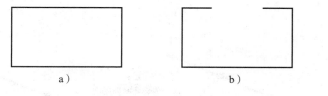

a)   b)

● 图 3—82 打断对象

a) 打断前 b) 打断后

启动 "打断" 命令，系统给出如下提示：

命令：_break

选择对象：   // 选择打断对象，并以拾取点作为第一个打断点

指定第二个打断点或 ［第一点（F）］：

// 指定第二个打断点，结果如图 3—82b 所示

八、使用夹点编辑图形

1. 认识夹点

在没有执行任何命令的前提下选择图形，图形上会显示出一些蓝色实心的小方框，如图 3—83 所示。这些蓝色小方框即为图形的夹点，夹点实际上就是前面提到的对象的特征点。

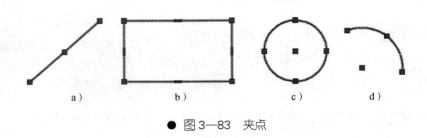

● 图3—83 夹点

"夹点编辑"功能是一种常用的编辑功能。用户只需单击图形上的任意一个夹点，即可进入夹点编辑模式，此时所单击的夹点以红色亮显。通过编辑图形上的夹点，可以快速编辑图形。

2. 用夹点编辑对象

（1）用夹点拉伸直线

选择图3—84a所示直线，单击直线的右上点进入夹点编辑模式（图3—84b），然后单击快捷菜单中的"拉伸"选项，即可在该直线的延长线上拉伸直线，结果如图3—84c所示。

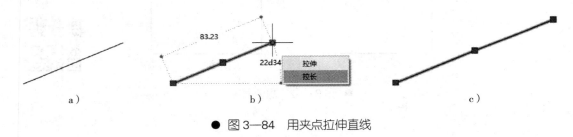

● 图3—84 用夹点拉伸直线

（2）用夹点编辑矩形

绘制一个矩形，如图3—85a所示。如果选中矩形后单击四边的中间夹点，则可移动矩形的四边，以改变矩形的长度或高度尺寸，如图3—85b所示；如果单击矩形的四个角上的夹点，则可改变该特征点的位置，使矩形变为梯形，如图3—85c所示。

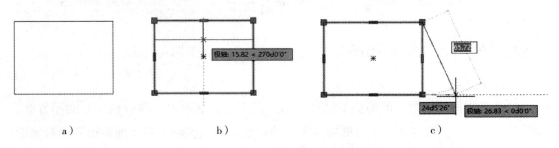

● 图3—85 用夹点编辑矩形
a）矩形 b）移动矩形上边 c）拉伸矩形右下角

（3）用夹点编辑圆

绘制一个圆，如图 3—86 所示。如果选中圆的任意一个象限点作为编辑的夹点，则移动鼠标即可改变圆的大小。如果输入新的半径尺寸（如 50 mm）后按回车键，则可得到赋予新值（如半径 50 mm）的圆。

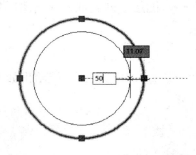

● 图 3—86　用夹点编辑圆

【小技巧】

在编辑夹点时，输入相应的相对坐标值，可对编辑对象进行精确编辑。

在选择对象后，如果将直线的中心、正多边形的几何中心或圆的圆心作为编辑夹点，则可对该对象进行移动。

§3—5　绘图实例

一、绘制密封板平面图

绘制图 3—87 所示密封板平面图（不标注尺寸）。

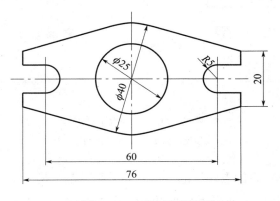

● 图 3—87　密封板平面图

1. 新建图形文件

启动 AutoCAD 2018，单击"新建"按钮，打开"机械制图图形样板 .dwt"。

2. 绘制对称线

（1）设置当前图层

单击"默认"→"图层"→"图层"列表框，弹出图层列表，在列表中选取"细点画线"图层，如图 3—88 所示。

（2）绘制水平对称线

单击"默认"→"绘图"→"直线"按钮，系统给出如下提示：

命令：_line

指定第一个点：   // 用鼠标在屏幕上单击指定一点

指定下一点或［放弃（U）］：76

                      // 沿水平方向向右移动光标，输入"76"，按回车键确认

指定下一点或［放弃（U）］：

      // 单击鼠标右键，弹出如图 3—89 所示右键快捷菜单，单击"确认"选项，
退出绘制直线功能，一条长为 76 mm 的水平对称线绘制完成，如图 3—90a 所示

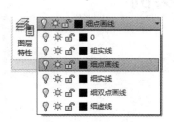

● 图 3—88　设置当前图层　　　　　　　● 图 3—89　右键快捷菜单

a）　　　　　　　　　　　　b）

● 图 3—90　绘制水平对称线

a）线型比例为 1　b）线型比例为 0.35

很显然，图 3—90a 中细点画线的"点"和"画"都太长，不符合机械制图的要求，可通过设置"线型比例"得到合适的细点画线，如图 3—90b 所示。具体方法如下：

选中水平对称线，单击右键，弹出右键快捷菜单（图3—91），选择其中的"特性"选项，弹出"特性"对话框（图3—92）。修改"线型比例"为合适的数值（如0.35），即可得到图3—90b所示的效果。如果在没有选中任何对象的情况下修改线型比例，则在此后所绘图线的线型比例都为该设定值。

● 图3—91　右键快捷菜单

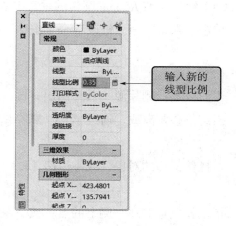

● 图3—92　"特性"对话框

（3）绘制垂直对称线

单击"默认"→"绘图"→"直线"按钮，系统给出如下提示：

命令：_line

指定第一个点：　　　　　　　　// 捕捉水平对称线的中点，作为垂直对称线的第一点

指定下一点或［放弃（U）］：　　　　　　　// 在垂直方向上，向上移动光标，

　　　　　　　到一个合适的位置，单击鼠标左键，确定垂直对称线的第二点

指定下一点或［放弃（U）］：　　　// 按回车键（或空格键）结束"直线"命令，

　　　　　　　绘制出如图3—93a所示图形

单击所绘垂直对称线，图线变为如图3—93b所示状态。拾取垂直对称线下面的"夹点"，并向下拖动。到达合适位置后，单击左键确定，如图3—93c所示。拾取垂直对称线的中点作为编辑夹点，移动光标，使垂直对称线的中点与水平对称线的中点重合，如图3—93d所示。按"Esc"键退出夹点编辑模式。

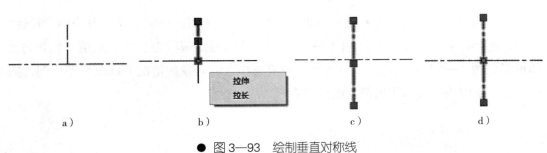

● 图 3—93　绘制垂直对称线

（4）绘制左右 $R5$ mm 圆弧的垂直中心线

单击"默认"→"修改"→"偏移"按钮，系统给出如下提示：

命令：_offset

当前设置：删除源 = 否　图层 = 源　OFFSETGAPTYPE=0

指定偏移距离或［通过（T）/删除（E）/图层（L）］<通过>：30

　　　　　　　　　　　　　　　　　　　　　// 输入"30"，按回车键

选择要偏移的对象，或［退出（E）/放弃（U）］<退出>：

　　　　　　　　　　　　　　　　　// 拾取垂直对称线，如图 3—94a 所示

指定要偏移的那一侧上的点，或［退出（E）/多个（M）/放弃（U）］<退出>：

　　// 单击垂直对称线左侧任意一点，即可画出左侧 $R5$ mm 圆弧的垂直中心线，

　　　　　　　　　　　　　　　　　　　　　　　　　如图 3—94b 所示

选择要偏移的对象，或［退出（E）/放弃（U）］<退出>：

　　　　　　　　　　　　　　　　　　　// 按回车键，结束图形绘制

按相同的方法绘制右侧 $R5$ mm 圆弧的垂直中心线，如图 3—94c 所示。

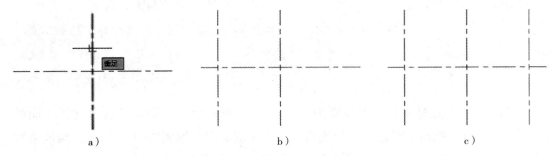

● 图 3—94　绘制左右 $R5$ mm 圆弧的垂直中心线

a）选择偏移对象　b）绘制左侧 $R5$ mm 圆弧的垂直中心线　c）绘制右侧 $R5$ mm 圆弧的垂直中心线

3. 绘制两同心圆及 R5 mm 圆

（1）设置当前图层

将"粗实线"图层设为当前图层。

（2）绘制两同心圆及 R5 mm 圆

单击"默认"→"绘图"→"圆"按钮，系统给出如下提示：

命令：_circle

指定圆的圆心或 [三点（3P）/两点（2P）/切点、切点、半径（T）]：

　　　　　　　　　// 拾取水平对称线与垂直对称线的交点作为 φ25 mm 圆的圆心

指定圆的半径或 [直径（D）]：12.5

　　　　　　　　　// 输入"12.5"，按回车键，结果如图 3—95a 所示

用相同的方法绘制 φ40 mm 和 R5 mm 圆，如图 3—95b 所示。

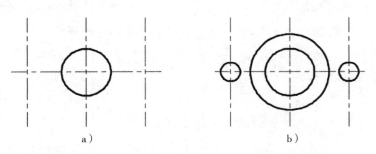

a）　　　　　　　　　　　　　　　b）

● 图 3—95　绘制两同心圆及 R5 mm 圆

4. 绘制外形轮廓

（1）绘制左上侧轮廓线

单击"默认"→"绘图"→"直线"按钮，系统给出如下提示：

命令：_line

指定第一个点：　　　　　　　// 捕捉水平对称线左侧端点，作为所绘制直线第一点

指定下一点或 [放弃（U）]：10　　　　　　　　// 沿垂直方向向上移动光标，

　　　　　　　　　　　　　　　　输入尺寸"10"，按回车键，如图 3—96a 所示

指定下一点或 [放弃（U）]：

　　　　　　　　　// 捕捉 φ40 mm 圆的切点，单击确认，如图 3—96b 所示

指定下一点或 [闭合（C）/放弃（U）]：　　　　// 按回车键，结束"直线"命令

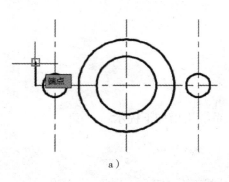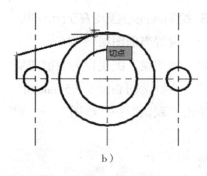

● 图3—96　绘制左上侧轮廓线

（2）绘制左下侧轮廓线

单击"默认"→"修改"→"镜像"按钮，系统给出如下提示：

命令：_mirror

选择对象：找到1个　　　　　　　　　// 拾取左上侧10 mm的竖直粗实线

选择对象：找到1个，总计2个　　　　// 拾取左上侧斜粗实线，如图3—97a所示

选择对象：　　　　　　　　　　　　// 按回车键，结束选择

指定镜像线的第一点：　　　　　　　// 拾取水平对称线左端点

指定镜像线的第二点：　　　　　　　// 拾取水平对称线右端点

要删除源对象吗?［是（Y）/否（N）］<否>：

　　　　　　　　　　　　// 按回车键，完成镜像，如图3—97b所示

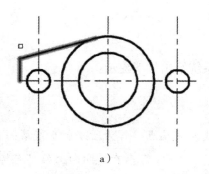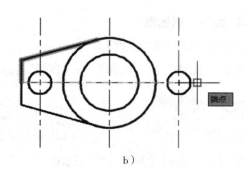

● 图3—97　绘制左下侧轮廓线

（3）绘制右侧轮廓线

用同样的方法，绘制右侧轮廓线，如图3—98所示。

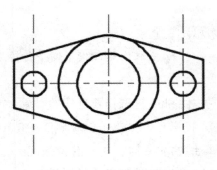

● 图 3—98　绘制右侧轮廓线

5. 绘制两侧凹槽的平行轮廓线

单击"默认"→"绘图"→"直线"按钮，系统给出如下提示：

命令：_line
指定第一个点：// 拾取左侧 R5 mm 圆与其垂直中心线的交点，如图 3—99a 所示
指定下一点或 [放弃（U）]：　　　// 拾取与竖直粗实线的垂足，如图 3—99b 所示
指定下一点或 [放弃（U）]：　　　　　　　// 按空格键结束"直线"命令，
得到如图 3—99c 所示图形

用相同的方法，绘制如图 3—99d 所示图形。

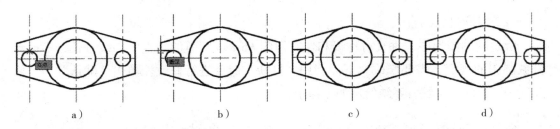

a）　　　　　　　　b）　　　　　　　　c）　　　　　　　　d）

● 图 3—99　绘制两侧凹槽的平行轮廓线

6. 修改图形

（1）修剪多余的轮廓线

单击"默认"→"修改"→"修剪"按钮，系统给出如下提示：

命令：_trim
当前设置：投影 =UCS，边 = 无
选择剪切边 …
选择对象或 < 全部选择 >：找到 1 个　　　　　　　// 拾取左侧凹槽上侧平行轮廓线

选择对象：找到 1 个，总计 2 个

　　　　　　　　　　　// 拾取左侧凹槽下侧平行轮廓线，如图 3—100a 所示

选择对象：　　　　　　　　　　　　　　　　　　// 按回车键，结束选择

选择要修剪的对象，或按住 Shift 键选择要延伸的对象，或

[栏选（F）/ 窗交（C）/ 投影（P）/ 边（E）/ 删除（R）/ 放弃（U）]：

　　　　　　　　// 单击 R5 mm 圆左侧（图 3—100b），R5 mm 圆左侧被修剪掉

选择要修剪的对象，或按住 Shift 键选择要延伸的对象，或

[栏选（F）/ 窗交（C）/ 投影（P）/ 边（E）/ 删除（R）/ 放弃（U）]：

　　　　　　　// 按回车键，退出修剪功能，得到如图 3—100c 所示图形

用相同的方法，修剪掉其他多余的轮廓线，得到如图 3—100d 所示图形。

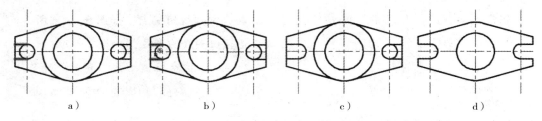

a）　　　　　　　b）　　　　　　　c）　　　　　　　d）

● 图 3—100　修剪多余的轮廓线

（2）打断过长的直线

　　所绘制的图形中，垂直对称线和左右两侧 R5 mm 圆弧的垂直中心线过长，不符合机械制图的规定，需要修改。下面利用"打断"命令进行修改。单击"默认"→"修改"→"打断"按钮，系统给出如下提示：

命令：_break

选择对象：　　　　　　　　// 将拾取框移动到左侧 R5 mm 圆弧的垂直中心线上，

　　　　　　　　　　　　　　　单击选择打断位置，如图 3—101a 所示

指定第二个打断点或 [第一点（F）]：

// 拾取左侧 R5 mm 圆弧垂直中心线的上端点（图 3—101b），然后单击，该直线

　　　　　　　自拾取处到上端点部分被打断删除，结果如图 3—101c 所示

用相同的方法，打断其他过长的直线，效果如图 3—101d 所示。

（3）拉长水平对称线

　　为了便于画图，开始绘制的水平对称线只有 76 mm 长，不符合机械制图的要求，下面来延长水平对称线。首先，单击选中水平对称线，如图 3—102a 所示。然后，拖动

左侧夹点，向左移动，在命令行中输入"5"并按回车键确定，结果如图 3—102b 所示。最后，用相同的方法向右延长水平对称线，结果如图 3—102c 所示。

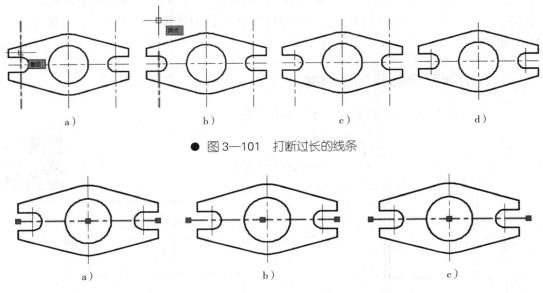

● 图 3—101　打断过长的线条

● 图 3—102　拉伸水平对称线

7. 保存文件

完成密封板平面图的绘制后，单击菜单栏"文件"→"保存"选项，弹出"图形另存为"对话框，如图 3—103 所示。在"文件名"栏输入"密封板"，在"文件类型"栏中选择"AutoCAD 2018 图形（*.dwg）"，单击对话框左下角的"桌面"图标，再单击"保存"按钮，将文件保存在桌面上（也可以保存在其他位置）。

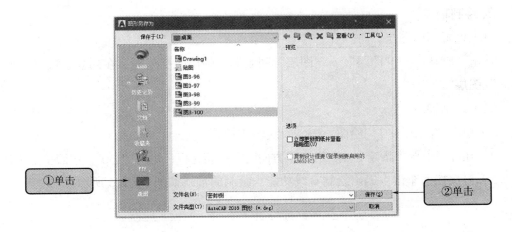

● 图 3—103　"图形另存为"对话框

8. 退出 AutoCAD 2018

单击 AutoCAD 2018 程序窗口右上角的"关闭"按钮，退出程序。

AutoCAD 2018 提供了许多绘制图形的方法和技巧，一个图形可以有多种画法，这里仅介绍一种画法。读者可以通过 AutoCAD 2018 提供的"帮助"功能，学习其他绘图方法和技巧。

二、绘制阶梯轴并标注尺寸

下面绘制如图 3—104 所示阶梯轴，并标注尺寸。

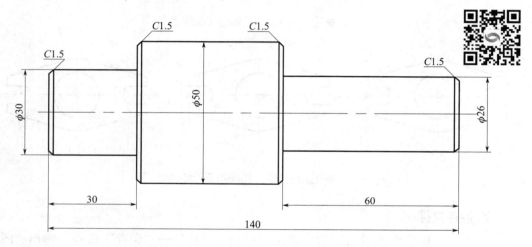

● 图 3—104　阶梯轴

1. 新建图形文件

启动 AutoCAD 2018，单击"新建"按钮，打开"机械制图图形样板 .dwt"。

2. 绘制轴线

（1）设置当前图层

单击"默认"→"图层"→"图层"列表框，弹出图层列表，在列表中选取"细点画线"图层。

（2）绘制轴线

1）单击"默认"→"绘图"→"直线"按钮。

2）在屏幕上单击指定一点，沿水平方向向右移动光标，输入"150"，按回车键确认。

3）再次按回车键，退出绘制直线功能。绘制的轴线如图 3—105 所示。

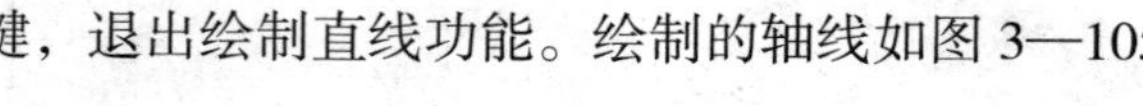

● 图 3—105　绘制轴线

3. 绘制轮廓线

（1）设置当前图层

将"粗实线"图层设为当前图层。

（2）绘制上半部分轮廓线

1）单击"默认"→"绘图"→"直线"按钮，系统给出如下提示：

命令：_line

指定第一个点：5 　　　　　　　　　　// 捕捉轴线左侧端点，水平向右移动光标，

　　　　　　　　　　　　　　　输入"5"，得到轮廓线的第一点，如图 3—106a 所示

指定下一点或［放弃（U）］：15

　　　　　　　　// 向上移动光标，输入"15"，按回车键，得到左端竖直轮廓线

指定下一点或［放弃（U）］：30 　　　// 向右移动光标，输入"30"，按回车键，

　　　　　　　　　　　得到左侧 φ30 mm 圆柱的上部轮廓，如图 3—106b 所示

……

指定下一点或［闭合（C）/ 放弃（U）］：

　　　　　　　　　　　　　// 继续绘制直线，得到如图 3—106c 所示图形

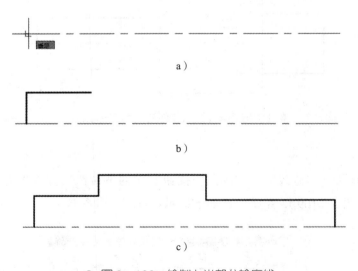

● 图 3—106　绘制上半部分轮廓线

　　2）选中 φ50 mm 圆柱左侧竖直轮廓线，单击下端夹点，进入夹点编辑模式。向下移动光标，拉伸竖直轮廓线至与轴线相交。用同样的方法拉伸右侧竖直轮廓线，如图 3—107 所示。

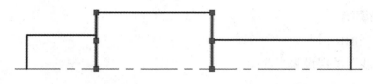

● 图 3—107　拉伸竖直轮廓线

（3）绘制下半部分轮廓线

单击"默认"→"修改"→"镜像"按钮，系统给出如下提示：

命令：_mirror

选择对象：指定对角点：找到 7 个　　　　　　// 框选轴线上边的轮廓线

选择对象：　　　　　　　　　　　　　　　// 按回车键，结束选择

指定镜像线的第一点：　　　　　　　　　// 拾取轴线左端点

指定镜像线的第二点：　　　　　　　　　// 拾取轴线右端点

要删除源对象吗？［是（Y）/否（N）］<否>：

　　　　　　　　　　　// 按回车键，完成镜像，结果如图 3—108 所示

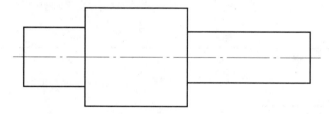

● 图 3—108　完成镜像后的零件轮廓线

4. 倒角

单击"默认"→"修改"→"圆角"按钮右侧的下拉箭头，在展开的列表中单击"倒角"按钮（图 3—109），系统给出如下提示：

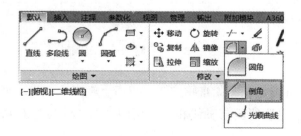

● 图 3—109　启动"倒角"命令

命令：_chamfer

（"修剪"模式）当前倒角距离 1=0.0000，距离 2=0.0000

选择第一条直线或［放弃（U）/多段线（P）/距离（D）/角度（A）/修剪（T）/方式（E）/多个（M）］：D　　　　　　　　　　// 输入 "D"，按回车键

指定第一个倒角距离 <0.0000>：1.5　　　　　　　　　// 输入 "1.5"，按回车键

指定第二个倒角距离 <1.5000>：1.5　　　　　　　　　　　　// 按回车键

选择第一条直线或［放弃（U）/多段线（P）/距离（D）/角度（A）/修剪（T）/方式（E）/多个（M）］：　　　　　　　　　// 选择最左边的轮廓线

选择第二条直线，或按住 Shift 键选择直线以应用角点或［距离（D）/角度（A）/方法（M）］：　　　// 选择左上角轮廓线，完成左上角倒角，如图 3—110 所示

用同样的方法完成左下角的倒角，应用 "直线" 命令绘制倒角轮廓线，如图 3—111 所示。继续按上述操作方法完成其他倒角的绘制，结果如图 3—112 所示。

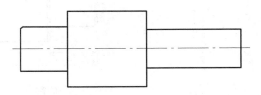

● 图 3—110　左上角倒角

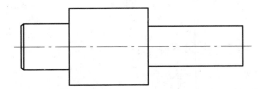

● 图 3—111　完成左端倒角

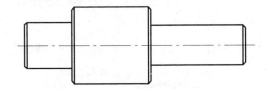

● 图 3—112　完成倒角

5. 标注尺寸（不含倒角）

（1）设置标注样式

单击 "默认" → "注释" → "标注样式" 按钮，打开 "标注样式管理器" 对话框，将 "机械图样标注" 样式置为当前标注样式。

（2）设置当前图层

将 "细实线" 图层设为当前图层。

（3）标注长度尺寸

单击 "默认" → "注释" → "线性" 按钮，系统给出如下提示：

命令：_dimlinear

指定第一个尺寸界线原点或＜选择对象＞：　　　　　　　// 指定尺寸"30"的左侧起点

指定第二条尺寸界线原点：　　　　　　　　　　　　// 指定尺寸"30"的右侧终点

指定尺寸线位置或

［多行文字（M）/文字（T）/角度（A）/水平（H）/垂直（V）/旋转（R）］：

　　　　　// 拖动鼠标，将尺寸线移动到合适位置后单击，完成尺寸"30"的标注

标注文字 =30　　　　　　　　　　　　　　　　// 系统自动生成标注文字

用同样的方法完成其他长度尺寸的标注，如图3—113所示。

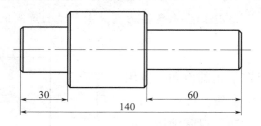

● 图3—113　标注长度尺寸

（4）标注直径尺寸

直径尺寸和长度尺寸的不同之处是尺寸数字前有符号"ϕ"，所以在标注时与长度尺寸有所不同。

单击"默认"→"注释"→"线性"按钮，系统给出如下提示：

命令：_dimlinear

指定第一个尺寸界线原点或＜选择对象＞：

　　　　　　　　　　　　　　// 单击 ϕ30 mm 圆柱上轮廓线的左端点

指定第二条尺寸界线原点：　　　　　　　// 单击 ϕ30 mm 圆柱下轮廓线的左端点

指定尺寸线位置或

［多行文字（M）/文字（T）/角度（A）/水平（H）/垂直（V）/旋转（R）］：T

　　　　　　　　　　　　　　　　　　// 输入"T"，按回车键

输入标注文字 <30>：%%C30　　　　　　　　// 输入"%%C30"，按回车键

指定尺寸线位置或

［多行文字（M）/文字（T）/角度（A）/水平（H）/垂直（V）/旋转（R）］：

　　　　　// 拖动鼠标，将尺寸线移动到合适位置后单击，完成尺寸"ϕ30"的标注

标注文字 =30

用同样的方法完成其他直径尺寸的标注，如图 3—114 所示。

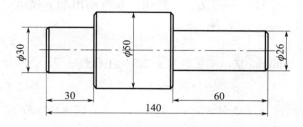

● 图 3—114 标注直径尺寸

【小技巧】

在图 3—114 中，尺寸 "φ50" 的尺寸数字与轴线相交，不符合机械制图的规定，可以将该尺寸数字移动到合适的位置。具体方法是：选中尺寸 "φ50"，将光标移到尺寸数字的夹点位置，系统自动弹出图 3—115 所示快捷菜单，单击 "仅移动文字" 选项，将文字移动到合适的位置后单击，即可完成文字的移动。

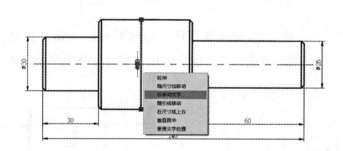

● 图 3—115 移动尺寸数字

6. 标注倒角

（1）绘制倒角引出线

用 "直线" 命令绘制倒角引出线，如图 3—116 所示。

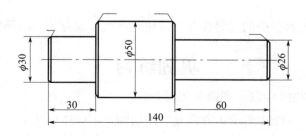

● 图 3—116 绘制倒角引出线

（2）标注文字"C1.5"

单击"默认"→"注释"→"文字"按钮，系统给出如下提示：

命令：_mtext

当前文字样式："Standard"　文字高度：2.5　注释性：否

指定第一角点：　　　　　　　　　　　　　　// 单击指定文字的左上角

指定对角点或 ［高度（H）/对正（J）/行距（L）/旋转（R）/样式（S）/宽度（W）/

栏（C）］：　　　　　　　　　　　　　　　// 单击指定文字的右下角

此时在功能区自动显示"文字编辑器"对话框，如图 3—117 所示。

● 图 3—117　"文字编辑器"对话框

输入文字"C1.5"，将"C"修改为斜体，如图 3—118 所示。其他倒角的尺寸与该倒角相同，可以采用相同的方法标注，也可以用"复制"命令完成，如图 3—119 所示。

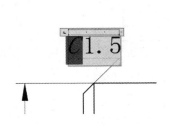

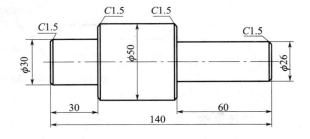

● 图 3—118　输入倒角尺寸"C1.5"　　　　● 图 3—119　完成倒角标注

7. 保存文件

单击快速访问工具栏中的"另保存"按钮，将文件保存为"阶梯轴 .dwg"。

巩固练习

1. 用 AutoCAD 2018 绘制下列简单图形。

（1）绘制如图 3—120a 所示正方形及其内切圆（不标注尺寸）。

（2）绘制如图 3—120b 所示等边三角形及其内切圆（不标注尺寸）。

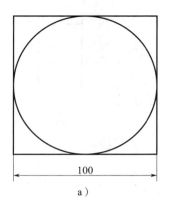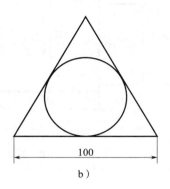

a)　　　　　　　　　b)

● 图 3—120　题 1 图

2. 用 AutoCAD 2018 绘制图 3—121 所示平面图形（不标注尺寸）。

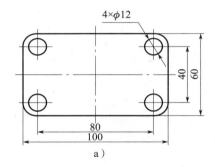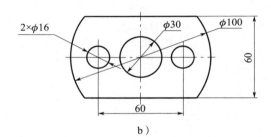

a)　　　　　　　　　b)

● 图 3—121　题 2 图

3. 用 AutoCAD 2018 绘制图 3—122 所示平面图形，并标注尺寸。

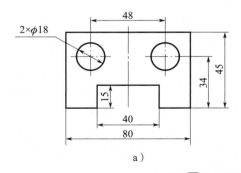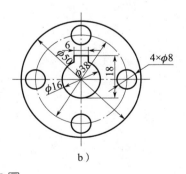

a)　　　　　　　　　b)

● 图 3—122　题 3 图

4. 用 AutoCAD 2018 绘制图 3—123 所示阶梯轴，并标注尺寸。

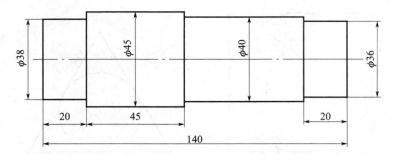

● 图 3—123　题 4 图

第四章
工程力学基础

工程力学是一门应用基础学科，它以理论、实验和计算机仿真为主要手段，研究工程技术中的普遍规律和共性问题，并直接为工程技术服务。

机械设备或工程结构都是由若干构件组成的，当它们传递运动或承受载荷时，各个构件都要受到力的作用。当研究这类问题时，首先，必须确定作用在各个构件上有哪些力以及它们的大小和方向；其次，还必须为构件选用合适的材料，确定合理的截面形状和尺寸，以保证构件既能安全、可靠地工作，又符合经济性要求，这些都是工程力学所要解决的问题。如图4—1所示为螺栓材料、规格的选择。

汽车轮胎紧固螺栓在使用过程中必须保证不会由于承受不住外力而断裂，从而保障驾乘人员的安全。这就涉及螺栓材料、规格的选择

● 图4—1　螺栓材料、规格的选择

§4—1　静力学基础

一、静力学概念

静力学主要研究物体在力的作用下的平衡规律。具体包括两个问题：一是物体的受力分析，二是物体在力系作用下的平衡条件。

在工程应用中，各种机器或建筑物在设计时首先要进行静力学分析，以确定其各部件或构件的受力情况，从而合理选择材料、形状和尺寸。如图4—2所示为高速行驶中列车的受力图（不计空气阻力）。

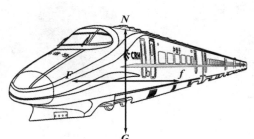

正在前进的高速列车受到重力**G**、支持力**N**、牵引力**F**和摩擦力**f**的作用

● 图4—2　高速行驶中列车的受力图

　　静力学中的平衡是指物体相对于地球保持静止或做匀速直线运动的状态，如图4—3所示。必须注意，平衡是相对的、有条件的，是物体机械运动中的一种特殊状态。一般来说，静止或平衡总是相对于地球而言的。例如，在地面上看起来是静止的桥梁，实际上，它仍随着地球在宇宙空间运动。

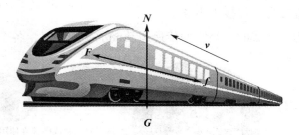

火车在重力、支持力、牵引力和摩擦力的作用下做匀速直线运动

a）

桥梁在重力和支持力的作用下处于静止状态

b）

● 图4—3　静力学中的平衡

　　物体的受力分析方法和力系平衡条件在工程中应用很广泛。在静载荷作用下的工程结构（如桥梁、房屋、起重机、水坝等）以及常见的机械零件（如轴、齿轮、螺栓等）若满足某些特定条件，则它们将处于平衡状态，这种特定的条件称为平衡条件。

　　为了合理设计或选择这些工程结构和机械零件的形状、尺寸，保证构件安全、可靠地工作，就要运用静力学知识，对构件进行受力分析，并根据平衡条件求出未知力，为构件的应力分析做好准备。如通过对轴上零件的受力分析来合理布置轴承；应用平衡条件求轴承反力，以此作为选用轴承的一个依据等。

二、力

　　力在人们的生产劳动和日常生活中处处存在。如图4—4所示，提水和掰手腕等活动都会引起肌肉紧张收缩的感觉，从而使人们体会到力的存在。

a）　　　　　　　　　　　　　　　　b）

● 图4—4　提水和掰手腕

1. 力的相互作用

当某一物体受到力的作用时，一定有另一物体对它施加这种作用。如图4—5所示，人向前推墙时，墙对人有相反方向的作用力，使人有向后运动的趋势。

这些都说明：力是物体间的一种相互机械作用。

2. 施力物体和受力物体

人在提水的过程中（图4—4a），若把水桶看成是受力物体，则手就是施力物体；反之，若认为手是受力物体，那么水桶即为施力物体。施力物体和受力物体是相对于具体受力分析而言的。受力物体和施力物体的判别如图4—6所示。

● 图4—5　力的作用是相互的

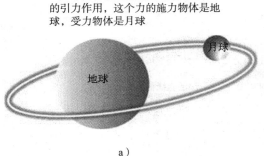

月球绕着地球旋转是因为受到地球的引力作用，这个力的施力物体是地球，受力物体是月球

人骑自行车时，脚踏板受到人脚的压力，这个力的施力物体是人的脚，受力物体是脚踏板

a）　　　　　　　　　　　　　　　　b）

● 图4—6　受力物体和施力物体的判别

3. 力的效应

力的概念是在实践中建立的，可以通过力的作用效果感受它的存在。如图4—7a所示，足球受力后运动状态发生了改变，这种力使物体的运动状态发生改变的效应称为外

效应。如图4—7b所示，弹簧受压后产生压缩变形，这种力使物体的形状发生变化的效应称为内效应。

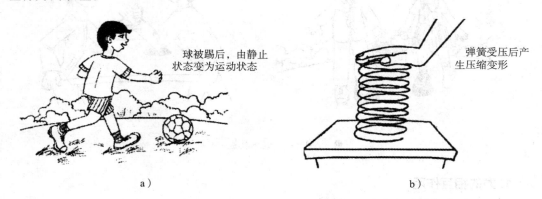

球被踢后，由静止状态变为运动状态

弹簧受压后产生压缩变形

a）　　　　　　　　　　b）

● 图4—7　力的外效应和内效应

4. 力的三要素

实践表明，力对物体作用的效应取决于力的三个因素，即力的大小、方向和作用点。如图4—8所示，力的三要素可用带箭头的有向线段表示于物体的作用点上。线段的长度（按一定比例画出）表示力的大小，箭头的指向表示力的方向，线段的起始点或终止点表示力的作用点。

力是具有大小和方向的量，所以力是矢量。通常用黑体字母表示矢量（如 F），用 F 表示力 F 的大小。

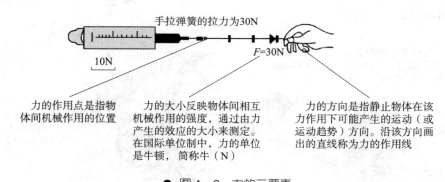

手拉弹簧的拉力为30N

$F=30N$

10N

力的作用点是指物体间机械作用的位置

力的大小反映物体间相互机械作用的强度，通过由力产生的效应的大小来测定。在国际单位制中，力的单位是牛顿，简称牛（N）

力的方向是指静止物体在该力作用下可能产生的运动（或运动趋势）方向。沿该方向画出的直线称为力的作用线

● 图4—8　力的三要素

三、力学模型

模型是对实际物体和实际问题的合理抽象与简化。在静力学中，为了研究和分析问题的方便，构建力学模型时，主要考虑了以下三个方面的合理抽象与简化。

1. 刚体——对物体的合理抽象与简化

在力作用下形状和大小都保持不变的物体称为刚体。实际上，任何物体在力的作用下都将产生不同程度的变形，但由于工程实际中构件的变形都很小，略去变形不会对静力学研究的结果有显著影响，因此，在解决工程力学问题时常将实际物体抽象为刚体，从而使问题简化。简单地说，刚体就是在讨论问题时可以忽略由于受力而引起的形状和体积改变的理想模型。

在静力学中，只研究物体的外效应，因此可以把物体抽象为刚体。

2. 集中力与均布力——对受力的合理抽象与简化

物体受力一般是通过物体间直接或间接接触进行的，接触处多数情况下不是一个点，而是具有一定尺寸的平面或曲面。力总是按照各种不同的方式分布于物体接触面的各点上。如果接触面面积很小，则可以将微小面积抽象为一个点；如果接触面面积较大而不能忽略，则力在整个接触面上分布作用。根据物体承受力作用的接触面面积不同，可将受力合理抽象与简化为集中力与均布力，如图4—9所示。图4—9a所示的汽车停在桥面上，通过轮胎作用在桥面上的力的作用面积很小，称为集中力，受力情况如图4—9b所示。图4—9c所示的桥面施加在桥梁上的力沿着桥梁长度连续分布，称为均布力。

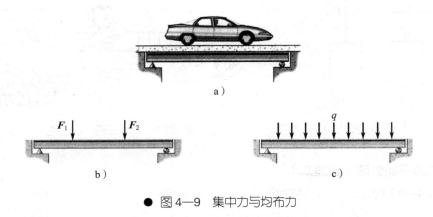

● 图4—9　集中力与均布力

3. 约束——对接触与连接方式的合理抽象与简化

约束是构件之间的接触与连接方式的抽象与简化。有关约束的内容将在后面详细介绍。

四、静力学公理

静力学公理是人类从反复实践中总结出来的，是关于力的基本性质的概括和总结，它们构成了静力学的全部理论基础。

1. 作用与反作用公理（公理一）

由牛顿第三定律可以知道：物体 A 向物体 B 施加作用力时，B 对 A 具有反作用力。

这两个力在同一作用线上，力的大小相等、方向相反。如图4—10所示为作用力与反作用力示意图。

如图4—10a所示，用绳子悬挂一个重物，绳子给重物一个向上的力 F，同时重物也给绳子一个向下的力 F'，F 与 F' 等值、反向、共线，如图4—10b所示。若绳子被剪断，则 F 与 F' 同时消失。

由此得到作用与反作用公理：两个物体间的作用力与反作用力总是同时存在、同时消失，且大小相等、方向相反，其作用线沿同一直线，分别作用在这两个物体上。

作用与反作用公理概括了自然界中物体间相互作用力的关系，表明作用力与反作用力永远是成对出现的。已知作用力就可以知道反作用力，两者总是同时存在，又同时消失。

公理一的应用如图4—11所示，人在划船离岸时，常把桨向岸上撑，这就是利用了作用力与反作用力的原理。

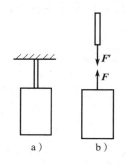

● 图4—10 作用力与反作用力示意图

● 图4—11 公理一的应用——划船

2. 二力平衡公理（公理二）

如图4—12所示，书本放在桌子上，它受到重力 G 和支持力 F_N 的作用而处于平衡状态。很显然，$G=-F_N$（负号说明书本所受重力 G 的方向与书本所受支持力 F_N 的方向相反），即两力等值、反向、共线。

由此可以得到二力平衡公理：作用于同一刚体上的两个力，使刚体平衡的充要条件是这两个力的大小相等，方向相反，作用在同一条直线上。

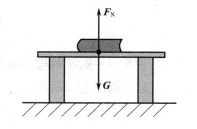

● 图4—12 二力平衡公理示意图

需要指出的是，二力平衡条件只适用于刚体。二力等值、反向、共线是刚体平衡的必要与充分条件。对于变形体，二力平衡条件只是必要的，而非充分的，如绳索受等值、反向、共线的两个压力作用就不能保持平衡，如图4—13所示。

● 图4—13 受等值、反向、共线的两压力作用的绳索不能保持平衡

只有两个着力点且处于平衡的构件称为二力构件。当构件呈杆状时，若略去杆的自重和伸长，则此构件称为二力杆。二力构件的受力特点是：所受二力方向必沿其两作用点的连线。

如图 4—14 所示的杆 CD，若不计自重，就是一个二力杆。在图 4—14a 中，$F_C=-F_D$；在图 4—14b 中，$F_1=-F_2$，其作用线必与两受力点的连线重合。

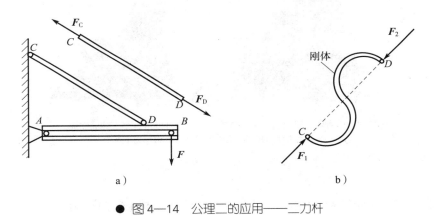

● 图4—14 公理二的应用——二力杆

3.加减平衡力系公理（公理三）

加减平衡力系公理：在一个刚体上加上或减去一个平衡力系，并不改变原力系对刚体的作用效果。

由于平衡力系中的各力对刚体的作用效应相互抵消，使物体保持平衡或运动状态不变，这个公理是简化力系的重要理论依据。由公理三可以得到力的可传性原理：作用于刚体的力可以沿其作用线滑移至刚体的任意点，不改变原力对该刚体的作用效应。如图 4—15 所示为公理三的应用。

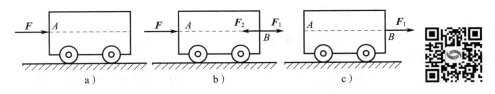

● 图4—15 公理三的应用

图 4—15a 中，A 点受一作用力 F。图 4—15b 中，在 B 处增加一对等值、反向的力 F₁ 和 F₂，新增的这一对力的作用线和力 F 的作用线在同一直线上，且有 $F_1=F_2=F$，根据加减平衡力系公理可以知道，新增平衡力系并不改变原力系 F 对刚体的作用效果，因此图 4—15a 和 b 的效果相同。由于 F 和 F₂ 也是一对等值、反向的平衡力系，将其去除并不影响力系对刚体的作用效果，因此图 4—15b 和 c 的效果也相同。

4. 力的平行四边形公理（公理四）

由图 4—16 可以得到力的平行四边形公理：作用于物体上同一点的两个力可以合成为一个合力，合力也作用于该点上，其大小和方向可用以这两个力为邻边所构成的平行四边形的对角线来表示。

运送同样的货物，可以由一头大象来完成，也可以由许多人共同完成。从力的效果来看，一头大象的拉力效果与两支人力队伍的拉力效果相同

● 图 4—16　公理四的应用

如图 4—17a 所示，F₁ 和 F₂ 为作用于物体上同一点 A 的两个力，以这两个力为邻边作出平行四边形，则从 A 点作出的对角线就是 F₁ 与 F₂ 的合力 F_R。矢量式表示如下：

$$F_R=F_1+F_2$$

读作合力 F_R 等于力 F₁ 和力 F₂ 的矢量和。

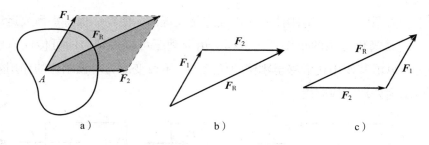

a)　　　　　b)　　　　　c)

● 图 4—17　力的三角形法则

显然，在求合力 F_R 时，不一定要作出整个平行四边形。因为对角线（合力）把平行四边形分成两个全等的三角形，所以只需作出一侧的一个三角形。

将力的矢量 F_1 和 F_2 首尾相接（两个力的前后次序任意），如图 4—17b、c 所示，再用线段将其封闭构成一个三角形，该三角形称为力的三角形，封闭边代表合力 F_R。这一力的合成方法称为力的三角形法则，它从平行四边形公理演变而来，应用更加简便。

利用公理四，可以将两个以上的共点力合成为一个力（图 4—18a），或者将一个力分解为无数对大小、方向不同的分力（图 4—18b）。

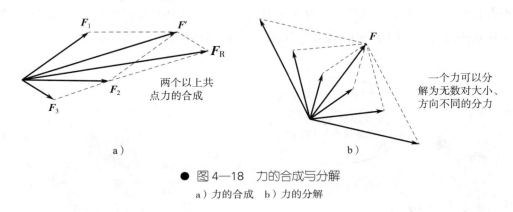

● 图 4—18　力的合成与分解

a）力的合成　b）力的分解

（1）三力平衡汇交定理

若作用于物体同一平面上的三个互不平行的力使物体平衡，则它们的作用线必汇交于一点，如图 4—19 所示。

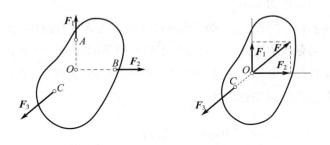

● 图 4—19　三力平衡汇交定理

三力平衡汇交定理是共面且不平行的三力平衡的必要条件，但不是充分条件，即同一平面内作用线汇交于一点的三个力不一定都是平衡的。

（2）三力构件

只受共面的三个力的作用而平衡的物体称为三力构件。若三个力中已知两个力的交点及第三个力的作用点，就可以按三力平衡汇交定理来确定第三个力的作用线的方位。

需要注意的是，三力的作用点与其汇交点不一定是同一点，如图 4—19a 所示，F_1、F_2 和 F_3 的作用点分别为 A、B 和 C 三点，其作用线的汇交点则为 O 点。

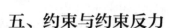

五、约束与约束反力

1. 基本概念

（1）自由体与非自由体

力学中刚体分为两类：一类是自由体，另一类是非自由体。自由体在空间的运动事先不受其他物体的限制，如图4—20所示的气球。非自由体在空间的运动，或多或少地要受到某些限制，如图4—21所示的滚动轴承中的滚动体。

气球作为一个自由体运动，其运动形式无限多样。物体在空间的运动是不受限制的——自由体

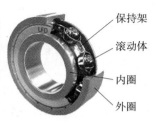

滚动轴承中的滚动体在保持架和内、外圈圆槽中的运动受到限制。物体在空间中的运动受到某些限制——非自由体

保持架
滚动体
内圈
外圈

● 图4—20　自由体——空气中的气球　　● 图4—21　非自由体——滚动轴承中的滚动体

（2）主动力与约束反力

对于非自由体来说，限制它运动的其他物体就称为该非自由体的约束。当物体沿着约束所能限制的方向有运动趋势时，约束为了阻止物体的运动，必然对物体有力的作用，这种力称为约束反力或约束力。在静力学中，约束对物体的作用完全取决于约束反力。

主动力与约束反力的区别见表4—1。

表4—1　　　　　　　　　　主动力与约束反力的区别

名称	主动力	约束反力
含义	物体上受到的各种力，如重力、风力、切削力、顶板压力等，它们是促使物体运动或有运动趋势的力，属于主动力，工程上常称为载荷	约束反力是阻碍物体运动的力，随主动力的变化而改变，是一种被动力
特征	大小与方向预先确定，可以改变物体的运动状态	大小未知，取决于约束本身的性质，与主动力的值有关，可由平衡条件求出。约束反力的作用点在约束与被约束物体的接触处。约束反力的方向与约束所能限制的运动方向相反

2. 几种常见的约束及其约束反力

在工程实践中，物体间的连接方式有可能很复杂，为了分析和解决实际力学问题，必须对物体间各种复杂的连接方式进行抽象简化，并根据它们的结构特点和性质判断其约束反力。下面介绍工程中常见的几种典型的约束模型。

（1）柔索约束

由柔软而不计自重的绳索、链条、传动带等所形成的约束称为柔索约束，如图4—22所示。该约束只能承受拉力，不能承受压力，约束反力的方向通过连接点，沿着绳索的中心线背离被约束的物体。通常用 F_T 或 F_S 表示该类约束的反力。

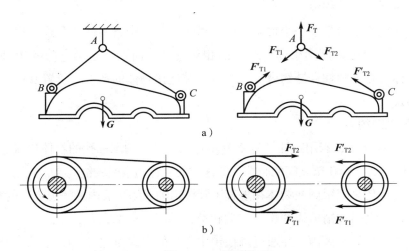

● 图4—22　柔索约束

如图4—22a所示，用连接于铁环 A 的钢丝绳吊起减速器箱盖，箱盖所受重力 G 为主动力。根据柔索约束反力的特点，可以确定钢丝绳对铁环 A 施加的力一定是拉力（图中的 F_{T1}、F_{T2} 和 F_T），钢丝绳给箱盖施加的力也是拉力（F'_{T1} 和 F'_{T2}）。

如图4—22b所示，传动带施加给两个带轮的力都是拉力，并沿传动带与轮缘相切的方向。

（2）光滑面约束

如图4—23a所示，物体与约束在 A、B、C 三处接触，其接触面上的摩擦力很小，可略去不计。类似这种由光滑接触面所构成的约束称为光滑面约束。在该约束下，物体可以沿光滑的支承面自由滑动，也可向离开支承面的方向运动，但不能沿接触面法线并朝向支承面方向运动。约束反力的方向沿着接触表面的公法线指向受力物体，通常以符号 F_N 表示。

在图4—23a中，物体与约束在 A、B、C 三处均为点与直线（或直线与平面）接触，其约束反力 F_{NA}、F_{NB} 和 F_{NC} 沿接触处的公法线指向被约束物体，如图4—23b所示。

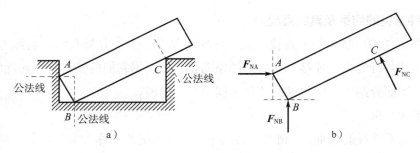

● 图 4—23　光滑面约束

（3）光滑圆柱铰链约束

光滑圆柱铰链是力学中一个抽象化的模型，凡是两个自由体相互连接后，接触处的摩擦忽略不计，只能限制两个非自由体的相对移动，而不能限制它们的相对转动的约束，都可以称为光滑圆柱铰链约束。一般根据被连接物体的形状、位置及作用，可分为以下三种形式。

1）中间铰链约束

如图 4—24a 所示，当用圆柱销将两个具有相同直径的圆柱孔的物体连接起来时，如果不计圆柱销与圆柱销孔壁之间的摩擦，则这种约束称为中间铰链约束，其力学简图如图 4—24b 所示。该约束只限制两物体在垂直于圆柱销轴线的平面内沿任意方向的相对移动，而不能限制物体绕圆柱销轴线的相对转动和沿其轴线方向的相对移动。约束反力作用在与圆柱销轴线垂直的平面内，并通过圆柱销中心，但方向待定，如图 4—24c 所示的 F_A。工程中常用通过铰链中心的相互垂直的两个分力 F_{AX} 和 F_{AY} 表示，如图 4—24d 所示。

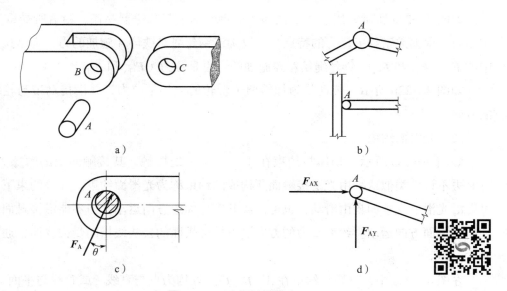

● 图 4—24　中间铰链约束

2）固定铰链支座约束

如图4—25a所示，将中间铰链约束（图4—24a）中的物体B（或物体C）换成支座，并与基础固定在一起（圆柱销连接的两构件中，有一个是固定构件），则构成固定铰链支座。此约束的几种常见力学模型如图4—25c、d、e所示。该约束能限制物体（构件）沿圆柱销半径方向的移动，但不限制其转动。约束反力作用在与圆柱销轴线垂直的平面内，并通过圆柱销中心，但方向待定。在画图和计算时，常用相互垂直的两个分力F_{AX}和F_{AY}来代替，如图4—25b所示，但其大小及方向一般要根据构件受力情况才能确定。

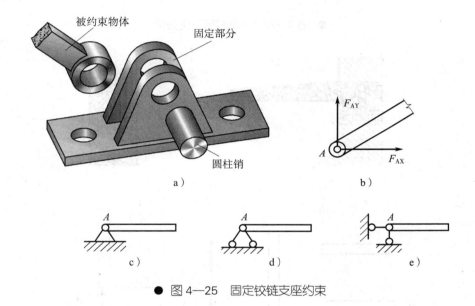

● 图4—25　固定铰链支座约束

3）活动铰链支座约束

工程中常将桥梁、房屋等结构用铰链连接在有几个圆柱形滚子的活动支座上，并与支承面接触，支座在滚子上可做左右相对运动，两支座间距离可稍有变化，这种约束称为活动铰链支座约束，如图4—26a所示。此约束的力学模型如图4—26b所示。该约束在不计摩擦的情况下，能够限制被连接件沿着支承面法线方向的上下运动。如图4—26c所示，其约束反力作用线必通过铰链中心，并垂直于支承面，其方向随受载荷情况不同指向或背离被约束物体。

（4）固定端约束

工程中常将房屋的雨篷嵌入墙内（图4—27a）、电线杆下段埋入地下（图4—27b）。这种将结构或构件的一端牢牢地插入支承物里而构成的约束称为固定端约束。该约束不允许被约束物体与约束之间发生任何相对移动和转动，其力学模型如图4—27c所示，约束反力方向如图4—27d所示。

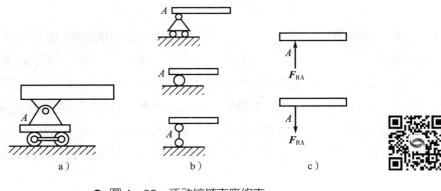

● 图4—26　活动铰链支座约束

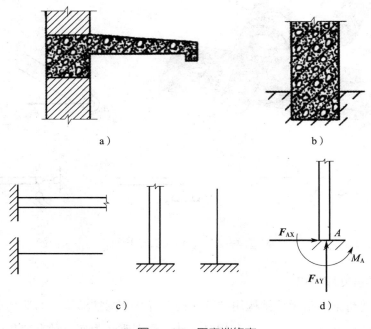

● 图4—27　固定端约束

六、物体的受力分析和受力图

　　解决静力学问题时，首先要明确研究对象，再考虑它的受力情况，然后列出相应的平衡方程去计算。工程中的结构与机构十分复杂，为了清楚地表达出某个物体的受力情况，必须将它从与之相联系的周围物体中分离出来。分离的过程就是解除约束的过程，在解除约束的地方用相应的约束反力来代替约束的作用。被解除约束后的物体简称分离体。

　　将物体所受的全部主动力与约束反力以力的矢量形式表示在分离体上，这样得到的图形称为研究对象的受力图。

物体受力图的绘制步骤如下：

1.取分离体（研究对象），找其接触点（研究对象与周围物体的连接关系）。

2.画出研究对象所受的全部主动力（使物体产生运动或运动趋势的力），如重力、风载、水压、油压、电磁力等。

3.在接触点存在约束的地方，按约束类型逐一画出约束反力。画约束反力时应取消约束，而用约束反力来代替它的作用。

解题须知：

（1）画受力图时，先画主动力，后在解除约束处画约束反力。必须清楚每个力的施力物体是何物。

【说明】

　本章中没有说明或原图中未画出重力的就是不计重力；凡没有提及摩擦的，接触面均视为光滑。

（2）要善于分析二力平衡物体的受力方向，并正确应用三力平衡汇交定理分析三力平衡刚体的受力情况。

（3）一对作用力和反作用力要用同一字母，在其中一个力的字母上加上"'"以示区别。

（4）作用力的方向确定了，反作用力的方向就不能随便假设，一定要符合作用与反作用公理。

【例1】所受重力为 G 的梯子 AB 放置在光滑的水平地面上，并靠在铅直墙上，在 D 点用一根水平绳索与墙相连，如图 4—28a 所示。试画出梯子的受力图。

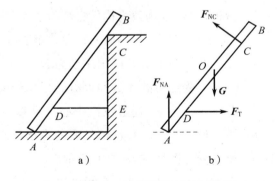

a)　　　　b)

● 图 4—28　梯子及其受力图

分析：梯子所受重力为主动力，除此之外，梯子与外界有 A、C、D 三个接触点，且每一个接触点都存在约束反力。

解：（1）将梯子从周围物体中分离出来，作为研究对象画出其分离体。

（2）画出主动力，即梯子所受重力 G，作用于梯子的重心（几何中心），方向铅直向下。

（3）画墙和地面对梯子的约束反力。根据光滑接触面约束的特点，A、C 处的约束反力 F_{NA}、F_{NC} 分别与地面、梯子垂直并指向梯子。

（4）D 点绳索的约束反力 F_T 应沿着绳索的方向并背离梯子。

梯子受力图如图 4—28b 所示。

本题要点：

（1）梯子是分离体。

（2）一般先画主动力，本题中梯子所受重力 **G** 是主动力。

（3）A、C 两处为光滑面约束，其约束反力可以直接画出方向。

（4）D 处为柔索约束，其约束反力也可以直接画出方向。

【例 2】 如图 4—29a 所示，简支梁 AB 在中点 C 处受到集中力 **F** 的作用，A 端为固定铰链支座约束，B 端为活动铰链支座约束。试画出梁的受力图（梁自重忽略不计）。

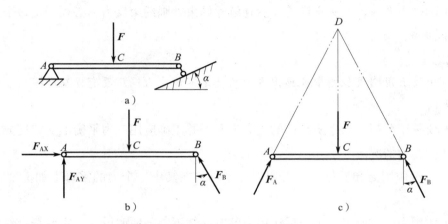

● 图 4—29　梁及其受力图

分析： 梁 AB 为三力构件，**F** 为主动力，A、B 两点为铰链约束。

解：（1）取梁 AB 为研究对象，解除 A、B 两处的约束，画出其分离体简图。

（2）在梁的中点 C 画出主动力 **F**。

（3）在受约束的 A 处和 B 处，根据约束类型画出约束反力。B 处为活动铰链支座约束，其约束反力 F_B 通过铰链中心且垂直于支承面；A 处为固定铰链支座约束，其约束反力可用通过铰链中心且相互垂直的分力 F_{AX}、F_{AY} 表示。

梁的受力图如图 4—29b 所示。

在本例中，从另外一个角度进行考虑，梁 AB 只在 A、B、C 三点受到互不平行的三个力的作用而处于平衡，因此，也可以根据三力平衡汇交定理进行受力分析。已知 **F**、F_B 相交于 D 点，则 A 处的约束反力 F_A 也应通过 D 点，从而可确定 F_A 必在过 A、D 两点的连线上，进而可画出如图 4—29c 所示的受力图。

§4—2　平面基本力系

在工程中，作用在物体上的力系有多种形式。如果力系中各力的作用线在同一平面内，则称为平面力系。平面力系又分为平面汇交力系、平面平行力系和平面一般力系。如果力系中各力的作用线不在同一平面内，则称为空间力系。空间力系有时可简化为平面力系计算。

平面力系的分类与力学模型见表4—2。

表4—2　　　　　　　　　　　平面力系的分类与力学模型

分类	工程实例	力学模型	描述
平面汇交力系			作用在物体上的各力的作用线都在同一平面内，且都汇交于一点
平面平行力系			平面力系中各力的作用线互相平行
平面一般力系			作用在物体上的力的作用线都在同一平面内，且呈任意分布

一、共线力系的合成与平衡

观察如图4—30所示的拔河运动，你能指出拔河双方各自的合力作用在何处吗？你能用二力平衡公理解释吗？

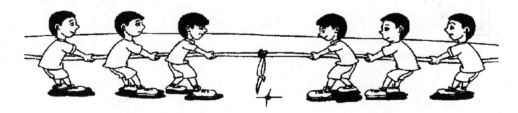

● 图4—30　拔河运动

各力的作用方向在同一条直线上的力系称为共线力系。如图4—31所示，F_1、F_2、F_3、F_4为作用在同一条直线上的共线力。如果规定某一方向（如 X 轴的正方向）为正，则它的合力大小为各力沿作用线方向的代数和。合力的指向取决于代数和的正负，正值代表作用方向与 X 轴同向，负值代表作用方向与 X 轴反向。用公式表示为

$$F_R=-F_1+F_2-F_3+F_4 \text{ 或 } F_R=\sum F_i$$

上式即为共线力系的合成公式。

● 图4—31　共线力系

由二力平衡公理可知：当合力 $F_R=0$ 时，表明各分力的作用相互抵消，物体处于平衡状态。因此，物体在共线力系作用下平衡的充要条件是：各力沿作用线方向的代数和等于零。即

$$F_R=F_1+F_2+\cdots+F_n=\sum F_i=0$$

二、平面汇交力系的合成与平衡

1. 平面汇交力系

力系有各种不同的类型，作用于物体上的各力的作用线都在同一平面内，且汇交于一点的力系，称为平面汇交力系。平面汇交力系是各种力系中较简单的一种，在工程实际中经常遇到。例如，图4—32所示型钢上的受力及图4—33所示吊环上的受力等，都是平面汇交力系的实例。

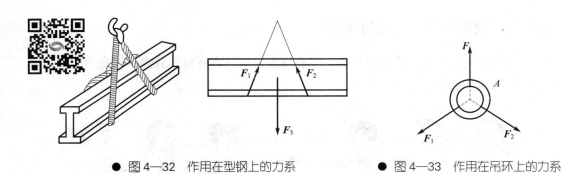

● 图4—32　作用在型钢上的力系　　　　● 图4—33　作用在吊环上的力系

（1）力的合成

在前面学习力的平行四边形公理时已经知道，若用一个力代替几个力的共同作用，

且效果完全相同，则这个力称为那几个力的合力。已知几个力，求它们的合力称为力的合成。力的合成要遵循力的平行四边形公理。

（2）力在直角坐标轴上的投影

为了能用代数计算方法求合力，需引入力在坐标轴上的投影这个概念。力在直角坐标轴上的投影类似于物体的正投影，方法如下：

如图4—34所示，设力 F 作用在物体上的 A 点。在力 F 作用线所在平面内任选一直角坐标系 XOY，从力 F 的起点 A 和终点 B 分别向 X 轴作垂线，得到垂足 a、b，线段 ab 称为力 F 在 X 轴上的投影，用 F_X 表示。同样，从 A 点和 B 点分别向 Y 轴作垂线，得到垂足 a'、b'，线段 $a'b'$ 称为力 F 在 Y 轴上的投影，用 F_Y 表示。

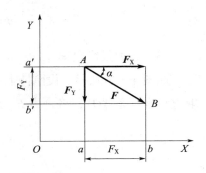

● 图4—34 力在坐标轴上的投影

力的投影为代数量，其正负号规定如下：由起点 a 到终点 b（或由 a' 到 b'）的指向与坐标轴正向相同时为正；反之为负。

设力 F 与 X 轴所夹锐角为 α，则其投影表达式为

$$F_X= \pm F\cos\alpha, \quad F_Y= \pm F\sin\alpha$$

由此可以得到，图4—34中力 F 在 X 轴和 Y 轴上的投影分别为

$$F_X=F\cos\alpha, \quad F_Y=-F\sin\alpha$$

可见，力的投影是代数量。

若力平行于 X 轴，即 $\alpha=0°$ 或 $\alpha=180°$，则 $F_X=F$ 或 $F_X=-F$；若力垂直于 X 轴，即 $\alpha=90°$，则 $F_X=0$。同理，Y 轴投影关系与 X 轴类似。

【例3】试求图4—35中 F_1、F_2、F_3 各力在 X 轴及 Y 轴上的投影。

解：
$$F_{1X}=-F_1\cos60°=-0.5F_1$$
$$F_{1Y}=F_1\sin60°=0.866F_1$$
$$F_{2X}=-F_2\sin60°=-0.866F_2$$
$$F_{2Y}=-F_2\cos60°=-0.5F_2$$
$$F_{3X}=0$$
$$F_{3Y}=-F_3$$

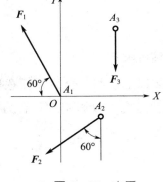

● 图4—35 力系

通过上面的计算，可以得到：

1）当力与坐标轴平行（或重合）时，力在该坐标轴上投影的绝对值等于力的大小。

2）当力与坐标轴垂直时，力在该坐标轴上的投影等于零。

3）在利用公式 $F_X=\pm F\cos\alpha$ 和 $F_Y=\pm F\sin\alpha$ 计算时，α 角必须选取力与 X 轴所夹的锐角，投影的正负根据力投影后两个垂足的指向来确定，从力起点垂足到终点垂足的指向与坐标轴正向相同时取正号，反之取负号。

当力在坐标轴上的投影 F_X 和 F_Y 都是已知时，力 F 的大小及其与 X 轴所夹锐角 α 可按以下公式计算：

$$F=\sqrt{F_X^2+F_Y^2}\ ,\quad \alpha=\arctan\left|\frac{F_Y}{F_X}\right|$$

（3）合力投影定理

如图 4—36 所示，设刚体上受一平面汇交力系 F_1、F_2、F_3 作用，已知 $F_R=F_1+F_2+F_3$，取直角坐标系 XOY，将合力 F_R 及各分力向 X 轴作投影，得

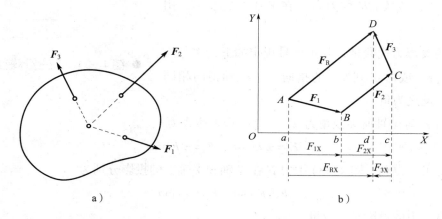

a）　　　　　　　　　　　　b）

● 图 4—36　合力投影定理示意图

$$F_{1X}=ab\ ,\quad F_{2X}=bc\ ,\quad F_{3X}=-dc$$
$$F_{RX}=ab+bc-dc=ad$$
$$F_{RX}=F_{1X}+F_{2X}+F_{3X}$$

同理可得
$$F_{RY}=F_{1Y}+F_{2Y}+F_{3Y}$$

以上说明：合力在任意坐标轴上的投影，等于各分力在同一轴上投影的代数和，这就是合力投影定理。合力投影定理揭示了合力投影与各分力投影的关系，其表达式为

$$\begin{cases} F_{RX}=F_{1X}+F_{2X}+\cdots+F_{nX}=\sum F_{iX} \\ \\ F_{RY}=F_{1Y}+F_{2Y}+\cdots+F_{nY}=\sum F_{iY} \end{cases}$$

若已知力在两坐标轴上的投影，则应用合力投影定理公式即可求得合力的大小和

方向：

$$F_R = \sqrt{F_{RX}^2 + F_{RY}^2} = \sqrt{\left(\sum F_{iX}\right)^2 + \left(\sum F_{iY}\right)^2}$$

$$\tan\alpha = \left|\frac{F_{RY}}{F_{RX}}\right| = \left|\frac{\sum F_{iY}}{\sum F_{iX}}\right|$$

（4）力的分解

将一个已知力分解为两个分力的过程称为力的分解。力的分解是力的合成的逆运算。力的合成是已知平行四边形的两邻边，求对角线的过程；而力的分解则是已知平行四边形的对角线，求两邻边的过程。由一条对角线可以作出无数个平行四边形，这就有无数个解。因此，必须要有附加条件，才可求出其确定的解。

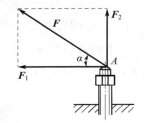

工程中最常用的是将已知力分解成两个互相垂直的分力，其分解方法如图4—37所示，这种分解法称为力的正交分解法。从已知力 F 的终点分别作两个互相垂直的分力的平行线，且交于两垂直分力的作用线，得到一个矩形，这个矩形的两个邻边即为力 F 的两个分力 F_1 和 F_2。

● 图4—37　力的分解

若力 F 与分力 F_1 的夹角 α 为已知，则

$$F_1 = F\cos\alpha, \quad F_2 = F\sin\alpha$$

2. 平面汇交力系的平衡

由以上分析可知，平面汇交力系可合成为一个合力，这一平面汇交力系对物体的作用等效于此合力，在一般情况下（即 $F_R \neq 0$ 时），物体的运动状态要发生改变；但在特殊情况下（即 $F_R = 0$ 时），物体的运动与不受力无异，实际上就是原力系中的各个力的作用互相抵消，因此，物体的运动状态不变，即处于平衡状态。

由此可得平面汇交力系平衡的充要条件是：该力系的合力 F_R 的大小等于零。即

$$F_R = 0$$

平面汇交力系平衡时，合力为零，那么合力在任何轴上的投影当然也等于零。故由公式

$$F_R = \sqrt{F_{RX}^2 + F_{RY}^2} = \sqrt{\left(\sum F_{iX}\right)^2 + \left(\sum F_{iY}\right)^2}$$

可推导出

$$\begin{cases} \sum F_{iX} = 0 \\ \sum F_{iY} = 0 \end{cases}$$

上式称为平面汇交力系的平衡方程，也就是平面汇交力系平衡的解析条件。即力系的各力在两个坐标轴上投影的代数和分别等于零。

求解平面汇交力系平衡问题的主要步骤及注意点如下：

（1）根据问题的要求，选取合适的研究对象，画出受力图。所选的研究对象上应作用有已知力和待求的未知力。

（2）选择适当的坐标轴，并作各个力的投影。坐标轴尽量与未知力垂直或与多数力平行，使坐标原点与汇交点重合。

（3）列平衡方程并解出未知量。要注意各力投影的正负号：计算结果中出现负号时，表明该力的实际受力方向与受力图中假设方向相反。遇到这种情况，不必改正受力图，但必须在答案中说明。

【例4】曲柄冲压机如图4—38a所示，冲压工件时冲头 B 受到工件的阻力 F=30 kN，试求当 α=30° 时，连杆 AB 所受的力及导轨的约束反力。

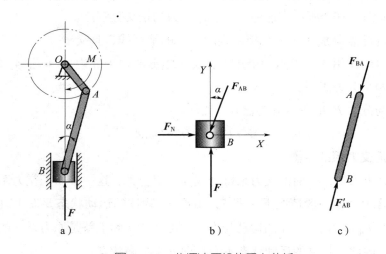

● 图4—38　曲柄冲压机的受力分析

解：（1）确定研究对象

取冲头 B 为研究对象，其受力图如图4—38b所示。

（2）建立直角坐标系

作用于冲头的力有工件阻力 F、导轨约束力 F_N 和连杆作用力 F_{AB}。因连杆 AB 为二力杆，故 F_{AB} 沿连杆轴线方向，连杆受压力（图4—38c），为压杆。建立坐标系如图4—38b所示。

（3）作投影

$$F_{ABX}=-F_{AB}\sin 30°$$

$$F_{ABY}=-F_{AB}\cos 30°$$

$$F_X=0, \quad F_Y=F$$
$$F_{NX}=F_N, \quad F_{NY}=0$$

（4）列出平衡方程求解

由 $\sum F_{iX}=0$，得

$$F_N+F_{ABX}=0, \quad F_N-F_{AB}\sin30°=0$$

由 $\sum F_{iY}=0$，得

$$F+F_{ABY}=0, \quad F-F_{AB}\cos30°=0$$

解得

$$F_{AB}=\frac{F}{\cos30°}=\frac{30\ kN}{\cos30°}=\frac{30\ kN}{0.866}=34.64\ kN$$

$$F_N=F_{AB}\sin30°=34.64\ kN\times\frac{1}{2}=17.32\ kN（力的方向与图示方向相同）$$

由作用与反作用公理可知，连杆 AB 所受的力为 34.64 kN，导轨的约束反力为 17.32 kN。

三、平面力偶系的合成与平衡

1. 力矩

（1）力对点的矩

如图 4—39 所示，以扳手旋转螺母为例，由经验可知，螺母能否旋动，不仅取决于作用在扳手上的力 F 的大小，而且还与点 O 到 F 的作用线的垂直距离 L_h 有关。用 F 与 L_h 的乘积来度量力 F 使螺母绕点 O 转动效应的大小，其中点 O 称为矩心，距离 L_h 称为 F 对点 O 的力臂，如图 4—39a、b 所示。

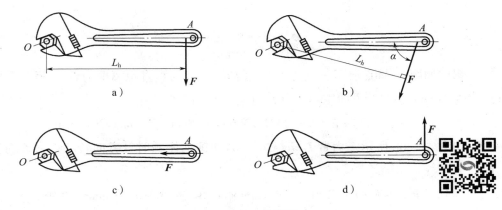

● 图 4—39　用扳手旋转螺母

力 F 对点 O 之矩定义为：力的大小 F 与力臂 L_h 的乘积并在前面冠以适当的正负号，以符号 $M_O(F)$ 表示。

$$M_O(F) = \pm F \cdot L_h$$

用扳手旋转螺母的转动有顺时针和逆时针两个转向，如图4—39a、d所示。通常规定：力使物体绕矩心逆时针方向转动时，力矩为正；反之为负。

力矩的单位取决于力和力臂的单位。在国际单位制中，力矩的单位名称为牛〔顿〕米，符号为 N·m。

由力矩的定义可知，力矩在下列两种情况下等于零。

1）力等于零。

2）力的作用线通过矩心，即力臂等于零，如图4—39c所示。

【说明】

力矩总是相对于矩心而言的，不指明矩心来谈力矩是没有任何意义的。这就是说，作用于物体上的力可以对于任意点取矩，矩心不同，力对物体的力矩也不同。

【例5】将 $F=100$ N 的力按图4—40所示两种情况作用在锤柄上，柄长 $l=300$ mm，试求力 F 对支点 O 的矩。

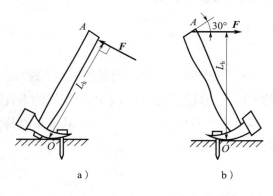

a)　　　　　　　　　b)

● 图4—40　锤的受力分析

解： 如图4—40a所示，支点 O 到力 F 作用线的垂直距离即力臂 L_h 等于手柄长度 l，力使锤柄做逆时针方向转动，力 F 对支点 O 的矩为

$$M_O(F) = F \cdot L_h = 100 \text{ N} \times 300 \text{ mm} = 30\,000 \text{ N·mm} = 30 \text{ N·m}$$

如图4—40b所示，力臂 $L_h = l\cos30°$，力使锤柄做顺时针方向转动，力 F 对支点 O 的矩为

$$M_O(F) = -F \cdot L_h = -100 \text{ N} \times 300 \text{ mm} \times \cos30° = -25\,980 \text{ N·mm} = -25.98 \text{ N·m}$$

（2）合力矩定理

在计算力矩时，力臂一般可通过几何关系确定，但有时由于几何关系比较复杂，直

接计算力臂比较困难。这时将力做适当的分解，可使各分力的力臂计算变得方便。合力矩定理说明了合力对某点之矩与其分力对同一点之矩之间的关系。

合力矩定理：平面汇交力系的合力对平面内任意点的矩，等于力系中各分力对同一点力矩的代数和，即

$$M_O(\boldsymbol{F}_R) = M_O(\boldsymbol{F}_1) + M_O(\boldsymbol{F}_2) + \cdots + M_O(\boldsymbol{F}_n) = \sum M_O(\boldsymbol{F}_i)$$

其中，$\boldsymbol{F}_R = \boldsymbol{F}_1 + \boldsymbol{F}_2 + \cdots + \boldsymbol{F}_n = \sum \boldsymbol{F}_i$。定理证明从略。

解题须知：

1）首先确定矩心，再由矩心向力的作用线作垂线求出力臂。

2）力矩正负号的判定：以矩心为中心，力使物体绕矩心做逆时针方向转动时为正，反之为负。

3）根据已知条件分析力矩计算方法时，可采用两种不同的方法进行：直接公式法（即按力矩公式进行计算）或合力矩定理法（即先对力进行分解，再按合力矩定理计算）。

【例6】 如图4—41a所示，直齿圆柱齿轮受啮合力 $\boldsymbol{F}$ 的作用。设 $F=1\,400$ N，压力角 $\alpha=20°$，齿轮的节圆（分度圆）半径 $r=60$ mm，试计算力 $\boldsymbol{F}$ 对轴中心 O 的矩。

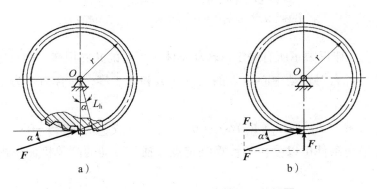

● 图4—41 直齿圆柱齿轮受力分析图

解： 1）按力矩定义求解。

由图4—41a可得

$$M_O(\boldsymbol{F}) = F \cdot L_h = Fr\cos\alpha = 1\,400 \text{ N} \times 60 \text{ mm} \times \cos20° = 78.93 \text{ N} \cdot \text{m}$$

2）用合力矩定理求解。

将力 $\boldsymbol{F}$ 分解为圆周力（或切向力）$\boldsymbol{F}_t$ 和径向力 $\boldsymbol{F}_r$，如图4—41b所示，则有

$$M_O(\boldsymbol{F}) = M_O(\boldsymbol{F}_t) + M_O(\boldsymbol{F}_r) = M_O(\boldsymbol{F}_t) = F_t \cdot r = F\cos\alpha \cdot r = 1\,400 \text{ N} \times \cos20° \times 60 \text{ mm} = 78.93 \text{ N} \cdot \text{m}$$

（3）力矩的平衡条件

在日常生活和生产中，常会遇到绕定点（轴）转动物体（这种物体通常称为杠杆）平衡的情况，如杆秤、汽车制动踏板、钳子和手动剪断机等，如图4—42所示。

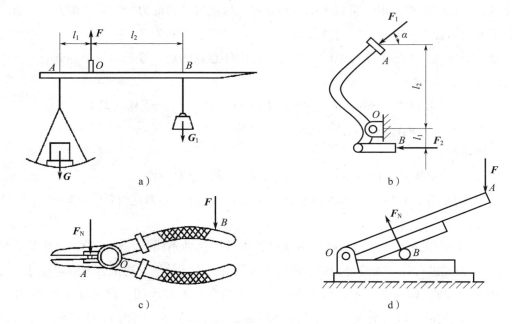

● 图4—42 力矩平衡实例

a）杆秤 b）汽车制动踏板 c）钳子 d）手动剪断机

杠杆的平衡规律反映了所有绕定点转动物体平衡时的共同规律。即绕定点转动物体平衡的条件是：各力对转动中心 O 点的矩的代数和等于零，即合力矩为零。用公式表示为

$$M_O(F_1)+M_O(F_2)+\cdots+M_O(F_n)=0 \ 或 \ \sum M_O(F_i)=0$$

利用力矩平衡条件可以分析和计算绕定点（轴）转动的简单机械平衡时的未知力大小。

2. 力偶

（1）力偶的概念

在日常生活和工程实际中，经常见到物体受到两个大小相等、方向相反且作用线相互平行但不共线的力作用的情况，如图4—43所示。在力学中把这样一对等值、反向且不共线的平行力组成的特殊力系称为力偶，用符号（F, F'）表示。两个力作用线之间的垂直距离称为力偶臂，用 L_d 表示。两个力作用线所决定的平面称为力偶的作用面。

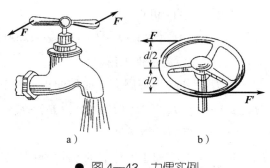

● 图4—43 力偶实例

a）开水龙头 b）方向盘转向

实验表明，力偶对物体只能产生转动效应，且当力越大或力偶臂越大时，力偶使物体转动的效应就越显著。因此，用力偶中任一力的大小与力偶臂的乘积来度量力偶对物体的转动效应，称为力偶矩，用 M 或 $M(F, F')$ 表示：

$$M = \pm F \cdot L_d$$

力偶矩是代数量，式中的正负号是说明力偶转向的。一般规定：力偶使物体逆时针方向转动时，力偶矩为正；反之为负。力偶矩的单位是 N·m，读作"牛［顿］米"。

由实践可知，力偶对刚体的转动效应取决于力偶的三要素：力偶矩的大小、力偶的转向以及力偶作用面的方位。对同一平面内的两个力偶，由于力偶作用面的方位相同，力偶的效应只取决于力偶矩的大小和力偶的转向，因此，只要保证这两个要素不变，两个力偶就彼此等效。

（2）力偶的表示方法

力偶可用力和力偶臂来表示，或用带箭头的弧线表示，箭头表示力偶的转向，M 表示力偶矩的大小，如图 4—44 所示。

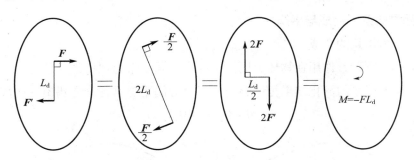

● 图 4—44 力偶的表示方法

（3）力偶的基本性质

性质一：力偶无合力，力偶只能用力偶来平衡。

力偶是由两个力组成的特殊力系，在任一坐标轴上投影的代数和恒等于零，故力偶无合力，不能与一个力等效。即力偶不能用一个力来平衡，只能与力偶相平衡。力偶对刚体的移动不会产生任何影响，即力偶对刚体只有转动效应而没有移动效应。而力对刚体可产生移动效应，也可产生转动效应。所以，力和力偶是组成力系的两个基本物理量，或者说，力和力偶是静力学的两个基本要素。

性质二：力偶对其作用面内任一点之矩与该点（矩心）的位置无关，它恒等于力偶矩。

这个特性说明力偶使刚体绕其作用面内任一点的转动效果是相同的。

（4）力偶的等效性

根据上述力偶三要素和力偶的性质，可以对力偶做以下等效处理。

1）只要保持力偶矩大小和转向不变，力偶可在其作用面内任意移动，而不改变其作用效应，如图4—45所示。

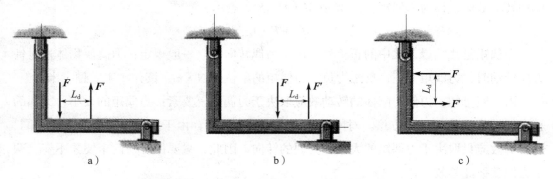

         a）   b）   c）

● 图4—45　力偶的等效（力偶在作用面内移动和转动）

2）只要保持力偶矩大小和转向不变，可以同时改变力偶中力的大小和力偶臂的长短，其作用效果不变，如图4—44所示。

3. 平面力偶系的合成与平衡

（1）平面力偶系的合成

如图4—46所示，作用在物体上同一平面内由若干个力偶所组成的力偶系称为平面力偶系。平面力偶系的简化结果为一合力偶，合力偶矩等于各分力偶矩的代数和，即

$$M=M_1+M_2+\cdots+M_n=\sum M_i$$

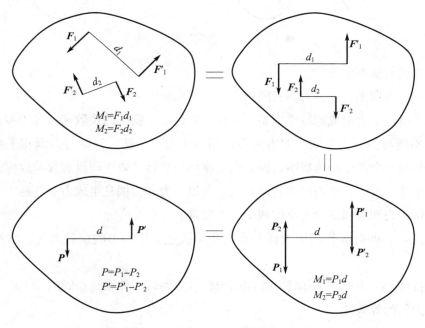

● 图4—46　平面力偶系的合成（简化）

（2）平面力偶系的平衡

既然平面力偶系合成（简化）的结果为一合力偶，那么当其合力偶矩为零时，表明使物体顺时针方向转动的力偶矩与使物体逆时针方向转动的力偶矩相等，作用效果相互抵消，物体保持平衡状态，也就是相对静止或匀速转动。因此，平面力偶系平衡的必要且充分条件是：所有力偶矩的代数和等于零。即

$$\sum M_i = 0$$

【例7】 多轴钻床在水平工件上钻孔（图4—47）时，每个钻头的切削刃作用于工件上的力在水平面内构成一力偶。已知钻削三个孔时对工件的力偶矩分别为 $M_1 = M_2 = 13.5\ \text{N} \cdot \text{m}$，$M_3 = 17\ \text{N} \cdot \text{m}$，求工件受到的合力偶矩。如果工件在 A、B 两处用螺栓固定，A 和 B 之间的距离 $l = 0.2\ \text{m}$，试求两个螺栓在工件平面内所受的力。

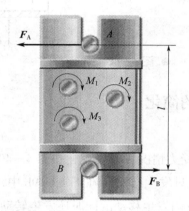

● 图4—47　多轴钻床在水平工件上钻孔

解：（1）求三个主动力偶的合力偶矩

$$M = \sum M_i = -M_1 - M_2 - M_3 = -13.5\ \text{N} \cdot \text{m} - 13.5\ \text{N} \cdot \text{m} - 17\ \text{N} \cdot \text{m} = -44\ \text{N} \cdot \text{m}$$

负号表示合力偶矩为顺时针方向。

（2）求两个螺栓所受的力

选工件为研究对象，工件受三个主动力偶作用和两个螺栓提供的约束反力作用而处于平衡。由力偶的性质可知两个螺栓的约束反力 F_A、F_B 必然组成一对力偶，设它们的方向如图4—47所示。由平面力偶系的平衡条件 $\sum M_i = 0$ 可得

$$F_A l - M_1 - M_2 - M_3 = 0$$

解得

$$F_A = (M_1 + M_2 + M_3)/l = 44\ \text{N} \cdot \text{m}/0.2\ \text{m} = 220\ \text{N}（力的方向与图示方向一致）$$

由作用与反作用公理可知，两个螺栓在工件平面内所受的力为220 N。

§4—3　平面一般力系

工程中经常遇到作用于物体上的力的作用线都在同一平面内（或近似地在同一平面内），且呈任意分布的力系，如图4—48所示，这样的力系称为平面一般力系。当物体所受的力均对称于某一平面时，也可以视为平面一般力系问题。

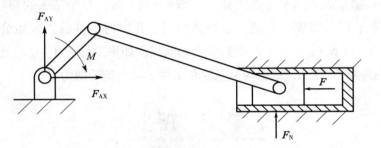

● 图4—48　平面一般力系

一、平面一般力系的简化

1. 力的平移定理

观察图4—49中书本的受力情况可以发现，在图4—49a中，当力 F 通过书本的重心 C 时，书本沿力的作用线只发生移动；在图4—49b中，将力 F 平行移动到任意点 D，书本在沿着力的作用线方向发生移动的同时还发生转动。这一现象可以应用力的平移定理解释。

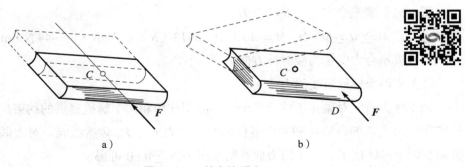

a)　　　　　　　　　　　　b)

● 图4—49　书本的受力

由前面的知识可知，力对刚体的作用效果取决于力的大小、方向和作用点。力沿作用线移动时，力对刚体的作用效果不变。但是，如果保持力的大小、方向不变，将力的作用线平行移动到另一个位置，则力对刚体的作用效果将发生改变。

如图 4—50a 所示，设 F 是作用在刚体上点 A 的一个力，点 O 是刚体上力作用面内的任意点，在点 O 加上两个等值、反向的力 F' 和 F''，并使这两个力与力 F 平行，且 $F=F'=-F''$，如图 4—50b 所示。显然，由力 F、F' 和 F'' 组成的新力系与原来的一个力 F 等效。

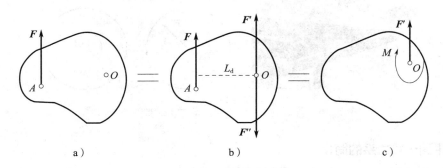

● 图 4—50　力的等效

这三个力可以看作是一个作用于点 O 的力 F' 和一个力偶（F，F''）。这样，原来作用在点 A 的力 F，现在被力 F' 和力偶（F，F''）等效替换。由此可见，把作用在点 A 的力 F 平移到点 O 时，若要使其与作用在点 A 等效，必须同时加上一个相应的力偶 M，这个力偶称为附加力偶，如图 4—50c 所示，此附加力偶矩的大小为

$$M=M_O（F）=-F \cdot L_d$$

上式说明，附加力偶矩的大小及转向与力 F 对点 O 的矩相同。

由此得到力的平移定理：作用在刚体上的力可以从原作用点等效地平行移动到刚体内任意指定点，但必须在该力与指定点所决定的平面内附加一力偶，其力偶矩等于原力对指定点的矩。

2. 力的平移性质

（1）当作用在刚体上的一个力沿其作用线滑动到任意点时，因附加力偶的力偶臂为零，故附加力偶矩为零。因此，力沿作用线滑动是力向一点平移的特例。

（2）当力的作用线平移时，力的大小、方向都不改变，但附加力偶矩的大小与正负一般会随指定点 O 的位置不同而不同。

（3）力的平移定理是把作用在刚体上的平面一般力系分解为一个平面汇交力系和一个平面力偶系的依据。

力的平移定理揭示了力对刚体产生移动和转动两种运动效应的实质。以乒乓球运动中的"削球"为例（图 4—51），当球拍击球的作用力没有通过球心时，按照力的平移定理，将力 F 平移至球心，力 F' 使球产生移动，附加力偶矩 M 使球产生绕球心的转动，于是形成球的旋转。

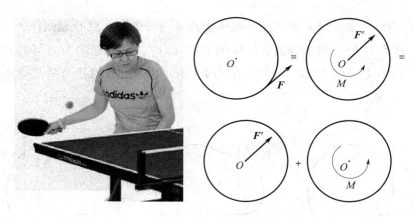

● 图 4—51 乒乓球运动中的"削球"

3. 平面一般力系的简化

如图 4—52 所示，设刚体上作用有平面一般力系 F_1、F_2、$\cdots$、F_n，在平面内任取一点 O，点 O 称为简化中心。根据力的平移定理，将力系中的各力分别平移到简化中心点 O，可得到一个平面汇交力系和一个平面附加力偶系。

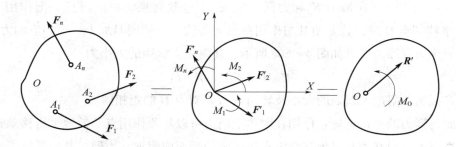

● 图 4—52 刚体受力的简化

（1）平面汇交力系

平面汇交力系中各力的大小和方向分别与原力系中对应的各力相同，平面汇交力系可以进一步合成为一个合力，此合力的作用线通过简化中心 O，其大小和方向取决于原力系中各力的矢量和。合力 R' 的计算公式为

$$R'=F'_1+F'_2+\cdots+F'_n$$

（2）平面附加力偶系

平面附加力偶系由各力相对应的附加力偶 M_1、M_2、$\cdots$、M_n 组成。各附加力偶矩的大小分别等于原力系中各力对简化中心 O 之矩，即 $M_1=M_O(F_1)$，$M_2=M_O(F_2)$，$\cdots$，$M_n=M_O(F_n)$。平面附加力偶系也可以进一步合成为一合力偶，其合力偶矩等于各附加力偶矩的代数和，即

$$M_0=M_1+M_2+\cdots+M_n \text{ 或 } M_0=M_0（F_1）+M_0（F_2）+\cdots+M_0（F_n）$$

由上述简化过程不难看出，当所选的简化中心改变时，力系的合力不变；而在一般情形下，力系的附加力偶会因简化中心不同而改变。因此，对于附加力偶，应指明是对哪个简化中心而言的。符号 M_0 中的下标就是指明了简化中心为点 O。

由此可知，平面一般力系向已知中心点简化后得到一力和一力偶。

二、平面一般力系的平衡和应用

1. 平面一般力系平衡方程

由简化结果可知：若平面一般力系平衡，则作用于简化中心的平面汇交力系和平面附加力偶系也必须同时满足平衡条件。由此可知，物体在平面一般力系作用下，既不发生移动，也不发生转动的静力平衡条件为：力系中的各力在任意两个相互垂直的坐标轴上的分量的代数和均为零，且力系中各力对平面内任意点的力矩的代数和也等于零。

平面一般力系平衡必须同时满足三个平衡方程，这三个方程彼此独立，可求解三个未知量。平面一般力系的平衡方程见表 4—3。

表 4—3　　　　　　　　　　　　平面一般力系的平衡方程

形式	基本形式	二力矩式	三力矩式
方程	$\begin{cases}\sum F_{iX}=0\\\sum F_{iY}=0\\\sum M_O（F_i）=0\end{cases}$	$\begin{cases}\sum F_{iX}=0\\\sum M_A（F_i）=0\\\sum M_B（F_i）=0\end{cases}$	$\begin{cases}\sum M_A（F_i）=0\\\sum M_B（F_i）=0\\\sum M_C（F_i）=0\end{cases}$
说明	前两个方程称为投影方程，后一个方程称为力矩方程	使用条件：X 轴不与 A 点和 B 点的连线垂直 前一个方程称为投影方程，后两个方程称为力矩方程	使用条件：A、B、C 三点不共线 三个方程均为力矩方程

必须指出，平面一般力系的平衡方程虽然有三种形式，但是只有三个独立的平衡方程，因此只能解决构件在平面一般力系作用下具有三个未知量的平衡问题。在解决平衡问题时，可根据具体情况，选取其中较为简便的一种形式。

求解平面一般力系平衡问题的主要步骤及注意点如下。

（1）确定研究对象，画出受力图。

（2）选取坐标系和矩心，列平衡方程。

一般来说，矩心应选在两个未知力的交点上，坐标轴应尽量与较多未知力的作用线垂直。三个平衡方程的列出次序可以任意，最好能使一个方程只包含一个未知量，这样可以避免联立方程组求解，便于计算。

（3）求解未知量，讨论结果。

可以选择一个不独立的平衡方程对计算结果进行验算。

【例8】悬臂梁如图4—53a所示，在梁的自由端 B 处受集中力 F 作用，已知梁的长度 $L=2$ m，$F=100$ N。试求固定端 A 处的约束反力。

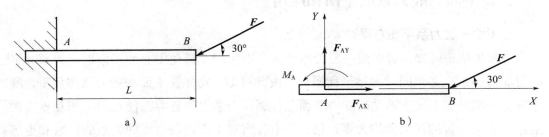

● 图4—53　悬臂梁

解：（1）取梁 AB 为研究对象，画出受力图。

梁受到 B 端已知力 F 和固定端 A 的约束反力 F_{AX}、F_{AY} 以及约束力偶 M_A 的作用，为平面一般力系情况，如图4—53b所示。

（2）建立直角坐标系 XAY，列平衡方程。

由 $\sum F_{iX}=0$ 可得

$$F_{AX}-F\cos30°=0 \qquad\qquad ①$$

由 $\sum F_{iY}=0$ 可得

$$F_{AY}-F\sin30°=0 \qquad\qquad ②$$

由 $\sum M_A(F_i)=0$ 可得

$$M_A-F\cdot L\sin30°=0 \qquad\qquad ③$$

（3）求解未知量。

将已知条件分别代入以上方程。

由式①可得

$$F_{AX}=F\cos30°=100\text{ N}\times\cos30°=86.6\text{ N}$$

由式②可得

$$F_{AY}=F\sin30°=100\text{ N}\times\sin30°=50\text{ N}$$

由式③可得

$$M_A=FL\sin30°=100\text{ N}\times2\text{ m}\times\sin30°=100\text{ N}\cdot\text{m}$$

计算结果为正，说明各未知力的实际方向均与假设方向相同。

2.平面平行力系的平衡方程

若力系中的各力作用线在同一平面内且相互平行，则该力系称为平面平行力系（图4—54）。运用力的平移定理可以把平面平行力系简化为一个共线力系和一个附加力偶系。因此，平面平行力系的平衡条件为：各力在坐标轴上投影的代数和为零，且力系中的各力对平面内任意点的力矩的代数和也等于零。

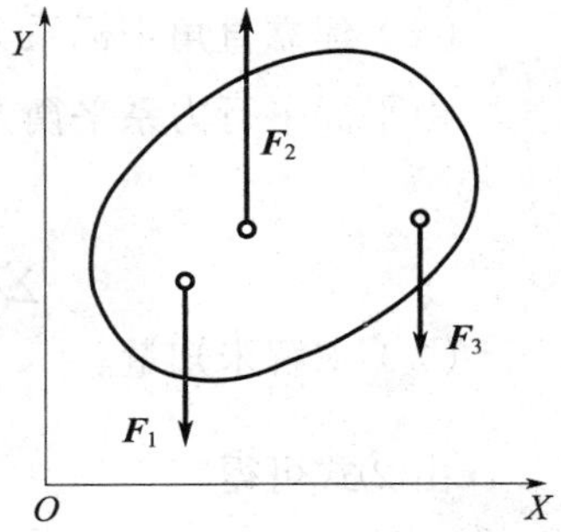

平面平行力系是平面一般力系的特例。若取 Y 轴平行于各力作用线，则各力在 X 轴上的投影恒等于零，即 $\sum F_{iX}=0$。

平面平行力系的平衡方程见表4—4。

● 图4—54 平面平行力系

表4—4　　　　　　　　平面平行力系的平衡方程

形式	基本形式	二力矩式
方程	$\begin{cases} \sum F_{iY}=0 \\ \sum M_O(\boldsymbol{F}_i)=0 \end{cases}$	$\begin{cases} \sum M_A(\boldsymbol{F}_i)=0 \\ \sum M_B(\boldsymbol{F}_i)=0 \end{cases}$ 使用条件：A、B 连线不能与各力的作用线平行

由上述可知，平面平行力系只有两个独立方程，因此只能解决物体在平面平行力系作用下具有两个未知量的平衡问题。

【例9】铣床夹具上的压板如图4—55a所示，当拧紧螺母后，螺母对压板 AB 的压力 $F=4\,000\,N$，已知 $l_1=50\,mm$，$l_2=75\,mm$，试求压板对工件的压紧力及垫块所受压力。

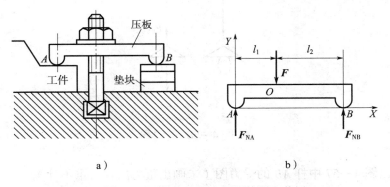

a）　　　　　　　　　　　　b）

● 图4—55 铣床夹具上压板的受力分析

分析： 取压板 AB 为研究对象，其重力可以忽略不计，压板虽有三个接触点，但其受力构成平面平行力系，并不属于三力构件。

解：（1）取压板 AB 为研究对象，画出受力图，如图 4—55b 所示。

（2）建立直角坐标系 XAY，列平衡方程。

由平面平行力系平衡方程的基本形式可得

$$\sum F_{iY}=0，\text{所以 } F_{NA}+F_{NB}-F=0 \qquad ①$$

$$\sum M_A(F_i)=0，\text{所以 } F_{NB}(l_1+l_2)-Fl_1=0 \qquad ②$$

（3）求解未知量。

由②式可得

$$F_{NB}=\frac{Fl_1}{l_1+l_2}=\frac{4\,000\ \text{N}\times 50\ \text{mm}}{50\ \text{mm}+75\ \text{mm}}=1\,600\ \text{N}$$

将 F_{NB} 代入①式可得

$$F_{NA}=F-F_{NB}=4\,000\ \text{N}-1\,600\ \text{N}=2\,400\ \text{N}$$

根据作用与反作用公理可知，压板对工件的压紧力为 2 400 N，垫块所受压力为 1 600 N。

巩固练习

1. 如何理解力的概念？如何用图表示力？

2. 二力平衡公理和作用与反作用公理有何不同？如图 4—56a 所示的电灯用电线系于天花板上，试指出受力图（图 4—56b）中哪两个力属于二力平衡，哪两个力属于作用力与反作用力。

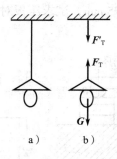

● 图 4—56 题 2 图

3. 试画出图 4—57 中杆 AB 的受力图（未画出重力的杆自重不计）。

4. 什么是平面汇交力系？试举出几个工程或者生活中常见的平面汇交力系的应用实例。

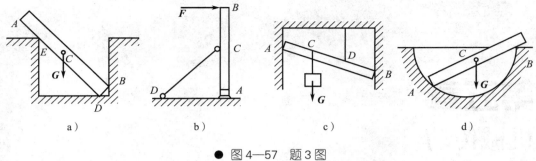

● 图4—57　题3图

5.力偶的两个力大小相等、方向相反，这与作用力与反作用力有何不同？与二力平衡又有何不同？

6.如图4—58所示，已知 $AB=100$ mm，$BC=80$ mm，若力 $F=10$ N，$\alpha=30°$，试分别计算力 F 对 A、B、C、D 各点之矩。

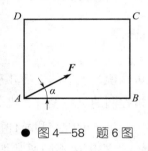

● 图4—58　题6图

7.试求如图4—59所示两种情况下 A 端的约束反力。

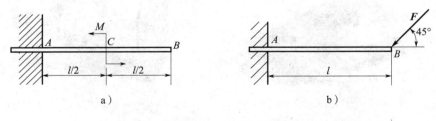

● 图4—59　题7图

第五章
机械传动

§5—1 机械与传动概述

一、机械

说起机械，人们并不陌生。可以说，人们的生活几乎每时每刻都离不开机械，从小小的剪刀、钳子、扳手，到计算机控制的机械设备、机器人、无人机等，机械在现代生活和生产中都起着非常重要的作用。机械的种类和品种很多，如汽车、数控机床、挖掘机和 3D 打印机等，如图 5—1 所示。按用途不同通常把机械分为两类：一类是可以使

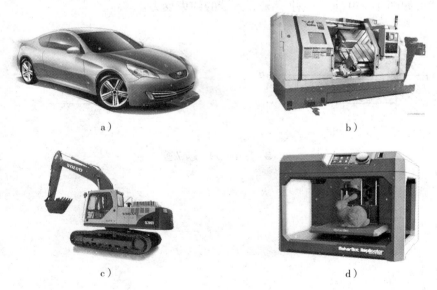

● 图5—1 机械
a）汽车 b）数控机床 c）挖掘机 d）3D 打印机

物体运动速度加快的机械，称为加速机械，如自行车、汽车、飞机等；另一类是使人们能够对物体施加更大力的机械，即加力机械，如扳手、电梯、机床和挖掘机等。机械是机器与机构的总称。

1. 机器与机构

机器是一种用来变换或传递运动、能量、物料与信息的实物组合，各运动实体之间具有确定的相对运动，可以代替或减轻人们的劳动，完成有用的机械功或将其他形式的能量转换为机械能。常见机器有变换能量的机器、变换物料的机器和变换信息的机器等，其类型及应用见表5—1。

表5—1 常见机器的类型及应用

类型	应用举例
变换能量的机器	电动机、内燃机（包括汽油机、柴油机）等
变换物料的机器	机床、起重机、电动缝纫机、运输车辆等
变换信息的机器	打印机、扫描仪等

图5—2所示为台式钻床（简称台钻），它是机械加工中一种常用的生产机器，主要用于孔加工等，它由电动机、塔式带轮传动机构、主轴箱、立柱、回转工作台、底座等组成。

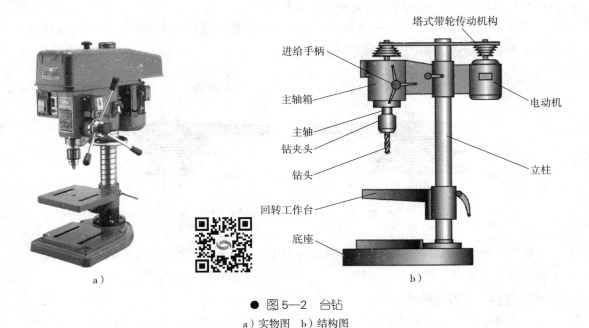

a）

进给手柄
主轴箱
主轴
钻夹头
钻头
回转工作台
底座
塔式带轮传动机构
电动机
立柱
b）

● 图5—2 台钻
a）实物图 b）结构图

机器尽管多种多样、千差万别，但机器的组成大致相同，一般都由动力部分、传动部分、执行部分和控制部分等组成。图5—2所示的台钻中，动力部分为电动机，传动部分为塔式带轮传动机构和主轴箱中的齿轮齿条进给机构，执行部分为钻头，控制部分为电源开关和进给手柄。钻头的旋转由电动机带动，钻头的升降通过旋转进给手柄完成。机器各组成部分的作用和应用举例见表5—2。

表5—2　　　　　　　　　　　　机器各组成部分的作用和应用举例

组成部分	作用	应用举例
动力部分	把其他形式的能量转换为机械能，以驱动机器各部件运动	电动机、内燃机、蒸汽机和空气压缩机等
传动部分	将原动机的运动和动力传递给执行部分的中间环节	金属切削机床中的带传动、螺旋传动、齿轮传动和连杆机构等
执行部分	直接完成机器工作任务的部分，处于整个传动装置的终端，其结构形式取决于机器的用途	金属切削机床的主轴、滑板等
控制部分	显示和反映机器的运行位置和状态，控制机器正常运行和工作	机电一体化产品（例如数控机床、机器人）中的控制装置等

机构是具有确定相对运动的实物组合，是机器的重要组成部分。如图5—2所示台钻中包含了多种机构，如：塔式带轮传动机构将电动机的动力传递给主轴，从而带动钻头旋转；齿轮齿条进给机构实现了钻头的上下运动。

塔式带轮传动机构如图5—3所示，该机构不但能传递动力和运动，而且可以通过变换V带的位置使钻头产生五种不同的转速。

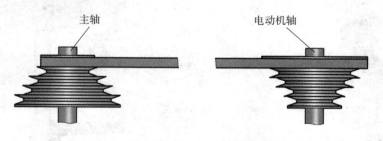

● 图5—3　塔式带轮传动机构

钻头升降机构安装在主轴箱内，其结构如图5—4所示，旋转进给手柄，齿轮旋转，带动齿条上下运动，实现钻头升降。

2. 零件、部件与构件

机器是由若干个零件装配而成的。零件是机器及各种设备中最小的制造单元，如图5—2中的塔式带轮、立柱等都是零件。

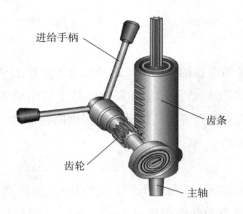

● 图5—4　钻头升降机构

　　部件是机器的组成部分，是由若干个零件装配而成的。在机械装配过程中，常将零件先装配成部件，然后才进入总装配。图5—2中的电动机和主轴箱等就是部件。

　　从运动学的角度出发，机器是由若干个运动单元组成，这些运动单元称为构件。构件可以是一个零件，也可以是几个零件的刚性组合。图5—5所示为用于拆卸轴上轴承、齿轮的拆卸器。在图5—5中，压紧螺杆、抓手是单个零件的构件；而把手、挡圈和沉头螺钉组成一个构件，横梁和销轴组成一个构件。

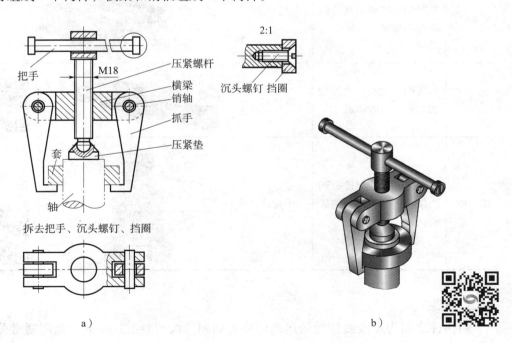

● 图5—5　拆卸器
a）视图　b）立体图

二、运动副

构件组成机器时，必须将各构件以可以运动的方式连接起来，两构件接触而形成的可动连接称为运动副。如图 5—5 所示拆卸器上的抓手与销轴之间、横梁与压紧螺杆之间、压紧螺杆与把手之间的连接等都是运动副。根据两构件之间的接触情况不同，运动副可分为低副和高副两大类。

1. 低副

两构件之间为面接触的运动副称为低副。按两构件之间的相对运动特征可分为转动副、移动副和螺旋副，其类型和应用见表 5—3。低副的特点是：承受载荷时的单位面积压力较小，故较耐用，传力性能好。但低副是滑动摩擦，摩擦损失大，因而效率低。此外，低副不能传递较复杂的运动。

表 5—3 　　　　　　　　　　　　低副及其应用

类型	说明	应用	
		名称	图例
转动副	两构件之间只允许做相对转动的运动副	木门合页	
移动副	两构件之间只允许做相对移动的运动副	液压缸	
螺旋副	两构件之间只能沿轴线做相对螺旋运动的运动副	千斤顶	

2. 高副

两构件之间为点或线接触的运动副称为高副。按接触形式不同，高副通常分为滚动轮接触、凸轮接触和齿轮接触，其应用见表 5—4。高副的特点是：承受载荷时的单位面积压力较大，两构件接触处容易磨损，制造和维修困难，但高副能传递较复杂的运动。

表5—4　　　　　　　　　　　　　　　高副及其应用

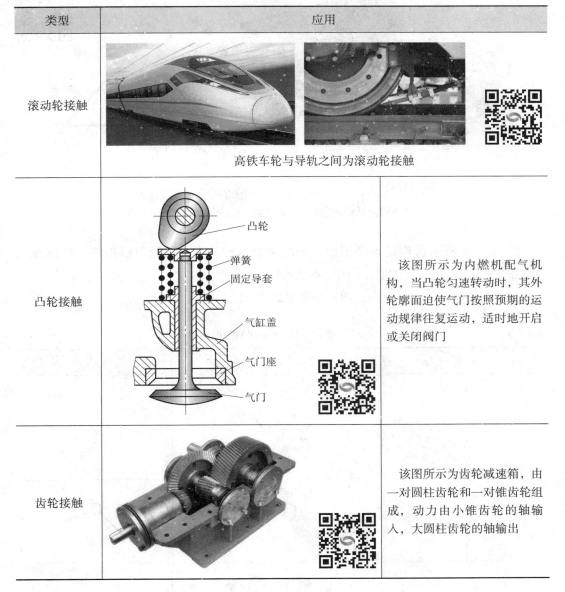

类型	应用
滚动轮接触	高铁车轮与导轨之间为滚动轮接触
凸轮接触	该图所示为内燃机配气机构，当凸轮匀速转动时，其外轮廓面迫使气门按照预期的运动规律往复运动，适时地开启或关闭阀门
齿轮接触	该图所示为齿轮减速箱，由一对圆柱齿轮和一对锥齿轮组成，动力由小锥齿轮的轴输入，大圆柱齿轮的轴输出

（凸轮接触图中标注：凸轮、弹簧、固定导套、气缸盖、气门座、气门）

三、机构运动简图

　　构件的实际形状往往非常复杂，在分析机构运动时，为了使问题简化，可以不考虑那些与运动无关的因素（如构件的外形和断面尺寸、组成构件的零件数目、运动副的具体构造等），仅用简单的线条和符号来代表构件和运动副，并按一定比例表示各运动副的相对位置。如图5—6b所示为自卸卡车翻斗机构的运动简图。这种能表达机构运动的简化图形称为机构运动简图。

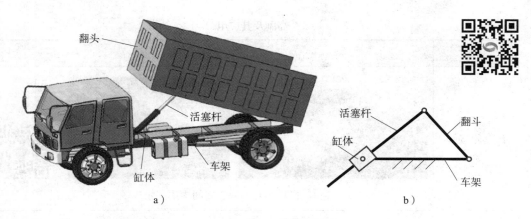

● 图5—6　自卸卡车翻斗机构

a）自卸卡车结构简图　b）翻斗机构的机构运动简图

在图5—6所示机构运动简图中，小圆圈表示转动副，线段表示构件，带剖面线（45°细实线）的线段表示机架（固定不动的构件）。

常见运动副机构运动简图的图形符号见表5—5。

表5—5　　　　　　　　　　常见运动副机构运动简图的图形符号

名称		结构图	图形符号
转动副	固定铰链		
	活动铰链		
移动副			

续表

名称	结构图	图形符号
螺旋副	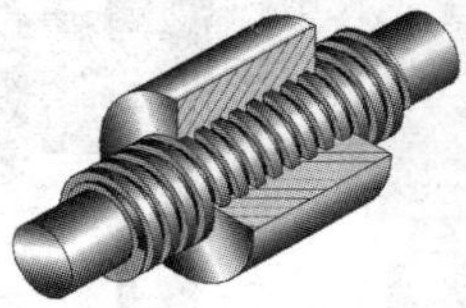 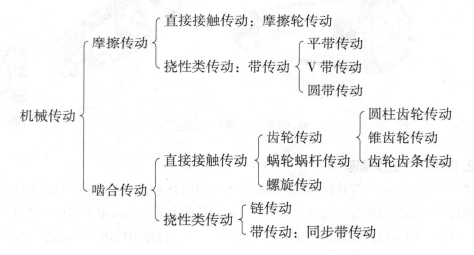	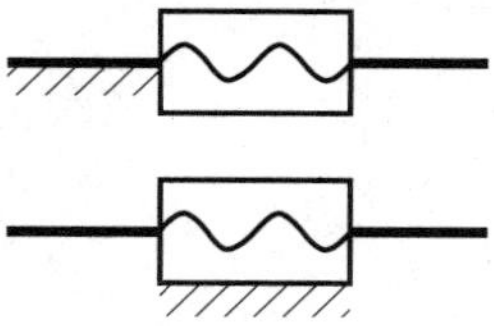

注：国家标准规定图形符号中表示轴、杆符号的图线用两倍粗实线表示。

四、机械传动的分类

用来传递运动和动力的机械装置称为机械传动装置。按传递运动和动力的方法不同，机械传动一般分类如下：

机械传动
- 摩擦传动
  - 直接接触传动：摩擦轮传动
  - 挠性类传动：带传动
    - 平带传动
    - V带传动
    - 圆带传动
- 啮合传动
  - 直接接触传动
    - 齿轮传动
      - 圆柱齿轮传动
      - 锥齿轮传动
      - 齿轮齿条传动
    - 蜗轮蜗杆传动
    - 螺旋传动
  - 挠性类传动
    - 链传动
    - 带传动：同步带传动

§5—2　带传动

带传动是机械传动中重要的传动形式之一。随着工业技术水平的不断提高，带传动正向着多样化、多领域发展，在汽车、家用电器、办公设备、机械工程中得到了越来越广泛的应用。图5—7所示为带传动在台钻中的应用。

一、带传动的组成与工作原理

1. 带传动的组成

带传动一般由固定连接在主动轴上的带轮（主动轮）、从动轴上的带轮（从动轮）和紧套在两轮上的挠性带组成，如图5—8所示。

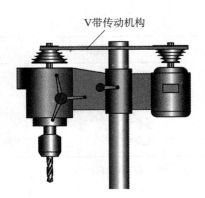

● 图5—7　带传动在台钻中的应用

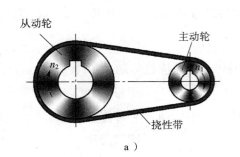
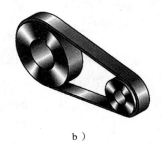

● 图5—8　带传动的组成

2. 带传动的工作原理

带传动是依靠带与带轮接触面间的摩擦力（或啮合力）来传递运动和动力的。静止时，两边带上的拉力相等。传动时，由于传递载荷的关系，两边带上的拉力会有一定的差值。拉力大的一边称为紧边（主动边），拉力小的一边称为松边（从动边）。如图5—8a所示，当主动轮按图示方向回转时，上边是紧边，下边是松边。

3. 带传动的传动比 i

机构中瞬时输入角速度与输出角速度的比值称为机构的传动比。带传动的传动比就是主动轮转速 n_1 与从动轮转速 n_2 之比，通常用 i_{12} 表示：

$$i_{12} = \frac{n_1}{n_2}$$

式中，n_1、n_2 分别为主动轮、从动轮的转速，单位为 r/min。

二、带传动的类型

根据工作原理不同，带传动分为摩擦型带传动和啮合型带传动，其特点与应用见表5—6。

表 5—6　　　　　　　　　　带传动的类型、特点与应用

类型		图示	特点		应用
摩擦型带传动	平带		结构简单，带轮制造方便，平带质量小且挠曲性好	传动过载时存在打滑现象，传动比不准确	常用于高速、中心距较大、平行轴的交叉传动与相错轴的半交叉传动
	V 带		承载能力大，使用寿命长		一般机械常用 V 带传动
	圆带		结构简单，制造方便，抗拉强度高，耐磨损，耐腐蚀，易安装，使用寿命长		常用于包装机、印刷机、纺织机等机器中
啮合型带传动	同步带		传动比准确，传动平稳，传动精度高，结构较复杂		常用于数控机床、纺织机械等传动精度要求较高的场合

三、V 带传动

　　V 带传动是由一条或数条 V 带和 V 带轮组成的摩擦传动，它靠 V 带的两侧面与轮槽侧面压紧产生的摩擦力进行动力传递，如图 5—9 所示。V 带传动主要有普通 V 带传动、窄 V 带传动和多楔带传动三种形式，其中普通 V 带传动的应用最为广泛。

● 图 5—9　V 带传动

1. V 带

（1）V 带的结构

　　V 带是一种无接头的环形带，其横截面为等腰梯形，工作面是与轮槽侧面相接触的两侧面，带与轮槽底面不接触。V 带由包布、顶胶、抗拉体和底胶四部分组成，如图 5—10 所示。V 带的抗拉体有帘布芯和绳芯两种结构，帘布芯结构的 V 带制造方便，抗拉强度高，价格低廉，应用广泛；绳芯结构的 V 带柔韧性好，适用于转速较高的场合。

　　普通 V 带是横截面为梯形的环形带，其横截面形状如图 5—11 所示，其楔角 α 为 40°。

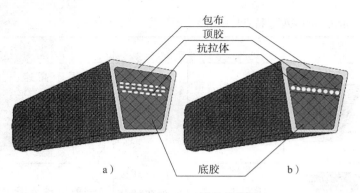

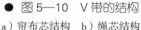

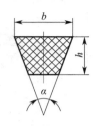

● 图 5—10　V 带的结构

a）帘布芯结构　b）绳芯结构

● 图 5—11　普通 V 带横截面

（2）V 带的材料

V 带的包布层一般采用含氯丁二烯的棉、聚酯纤维织物等材料；顶胶和底胶可采用天然橡胶、丁苯橡胶、氯丁橡胶和丁腈橡胶等材料；抗拉体要求材料具有较小的断裂伸长率和较大的断裂强度，多为聚酯线绳，也有采用芳纶与钢丝等材料的。

2. V 带轮

（1）V 带轮的结构

V 带轮的结构从功能上分为轮缘、轮辐和轮毂三部分，轮槽制作在轮缘上，如图 5—12 所示。

普通 V 带的楔角是 40°，但安装在 V 带轮上后，V 带弯曲会使其楔角 α 变小。为了保证 V 带传动时 V 带和 V 带轮槽工作面接触良好，V 带轮的槽角 φ（图 5—13）要比 40° 小些，一般取 32°、34°、36°、38°。小 V 带轮上 V 带变形严重，对应的槽角要小些，大 V 带轮的槽角则可大些。

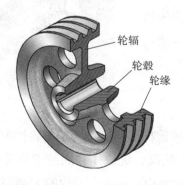

● 图 5—12　V 带轮的结构

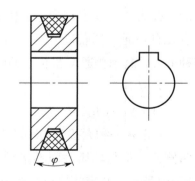

● 图 5—13　普通 V 带轮的槽角

（2）V 带轮的典型结构

V 带轮按结构的不同分为实心式（图 5—14）、腹板式（图 5—15）、孔板式（图 5—16）

和轮辐式（图 5—17）四种。一般而言，带轮尺寸较小时可采用实心式 V 带轮；中等尺寸带轮可采用腹板式、孔板式 V 带轮；当带轮尺寸较大时，可采用轮辐式 V 带轮。

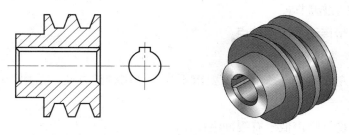

● 图 5—14　实心式 V 带轮

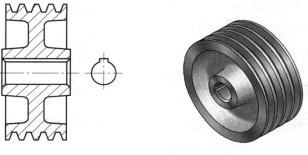

● 图 5—15　腹板式 V 带轮

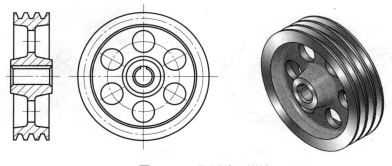

● 图 5—16　孔板式 V 带轮

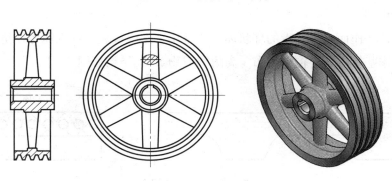

● 图 5—17　轮辐式 V 带轮

（3）V 带轮的材料

普通 V 带轮通常用灰铸铁制造，带速较高时可采用铸钢，功率较小的传动可采用铸造铝合金或工程塑料等。

3. 普通 V 带传动的应用特点

（1）普通 V 带传动的优点

1）结构简单，制造、安装精度要求不高，使用维护方便，适用于两轴中心距较大的场合。

2）传动平稳，噪声低，有缓冲吸振作用。

3）过载时，传动带会在带轮上打滑，可以防止零件的损坏，起安全保护作用。

（2）普通 V 带传动的缺点

1）不能保证准确的传动比。

2）外廓尺寸大，传动效率低。

四、同步带传动

同步带传动即啮合型带传动。它通过传动带内表面上等距分布的横向齿与带轮上的相应齿槽啮合来传递运动，如图 5—18 所示。

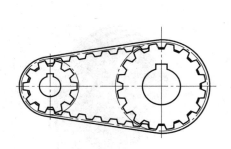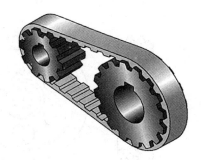

● 图 5—18　同步带传动

1. 同步带

同步带是工作面上带有齿的环状体，通常用钢丝绳或玻璃纤维绳等作抗拉体，以聚氨酯或橡胶作基体，外层覆以齿布（高耐磨织物），其结构如图 5—19 所示。

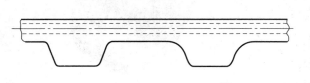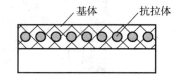

● 图 5—19　同步带

2. 同步带轮

常用的同步带轮有梯形齿同步带轮和圆弧齿同步带轮两种，其齿形如图 5—20 所示。带轮分为有挡圈和无挡圈两种，其结构如图 5—21 所示。同步带轮常用材料有铝合金、钢、铸铁、不锈钢、尼龙、铜、橡胶、POM 聚甲醛塑料（赛钢）等。其中以 45 钢、铝合金最为常见。

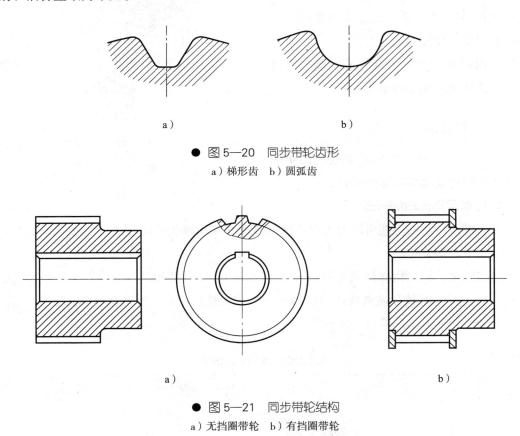

a）　　　　　　　　　b）

● 图 5—20　同步带轮齿形
a）梯形齿　b）圆弧齿

a）　　　　　　　　　b）

● 图 5—21　同步带轮结构
a）无挡圈带轮　b）有挡圈带轮

同步带与带轮工作时无相对滑动，传动准确，具有恒定的传动比，广泛用于精密传动的各种设备上，例如传真机、打印机、扫描仪、一体机等办公设备。

§5—3　螺旋传动

螺旋传动是利用螺杆（丝杠）和螺母组成的螺旋副来实现传动的。螺旋传动具有结构简单、工作连续、平稳，承载能力强，传动精度高等优点，广泛应用于各种机械和仪器中。

如图 5—22 所示为桌虎钳，用于夹持小型工件。它主要由固定钳身、活动钳身、固定座等组成。旋转固定手柄，通过固定螺杆与固定座之间的螺旋传动使螺杆上移，将桌虎钳夹紧在桌面上。旋转夹紧手柄，使夹紧螺杆旋转，通过螺旋传动使活动钳身向左移动，从而夹紧工件。

常用螺旋传动有普通螺旋传动、差动螺旋传动和滚珠螺旋传动等。

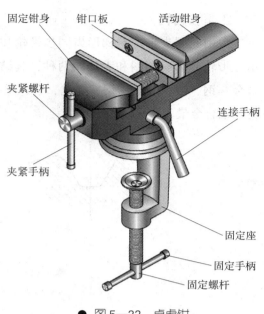

● 图 5—22　桌虎钳

一、普通螺旋传动

由一个螺杆和一个螺母组成的简单螺旋副实现的传动称为普通螺旋传动。

1. 普通螺旋传动的形式

普通螺旋传动的形式可以分为单动螺旋传动和双动螺旋传动两类。

（1）单动螺旋传动

单动螺旋传动是指螺杆或螺母有一件不动，另一件既旋转又移动。其中一种形式是螺母不动，螺杆回转并做直线运动；另一种形式是螺杆不动，螺母旋转并做直线运动。单动螺旋传动的运动形式见表 5—7。

表 5—7　　　　　　　　　　　　单动螺旋传动的运动形式

运动形式	应用实例	工作过程
螺母固定不动，螺杆回转并做直线运动	桌虎钳底座夹紧装置	当螺杆做回转运动时，螺杆连同其上的手柄和压紧盘向上运动，将桌虎钳固定在桌面上；或向下运动，以便将桌虎钳从桌面上拆下

运动形式	应用实例	工作过程
螺杆固定不动,螺母回转并做直线运动	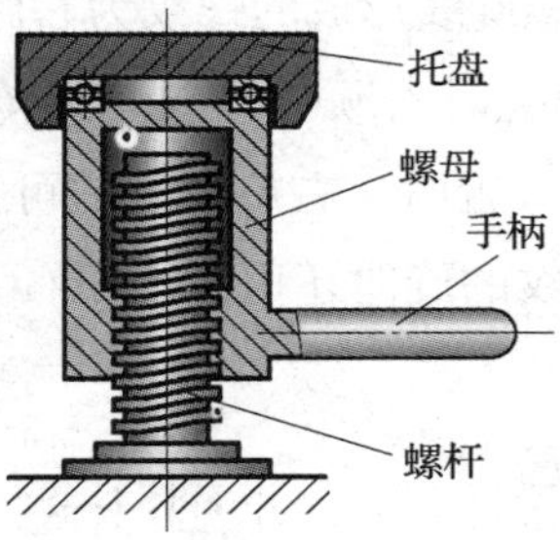 螺纹千斤顶	螺杆连接在底座上固定不动,转动手柄使螺母回转,并做上升或下降的直线移动,从而举起或放下托盘

（2）双动螺旋传动

双动螺旋传动是指螺杆和螺母都做运动的螺旋传动。其中一种形式是螺杆原位回转,螺母做往复直线运动;另一种形式是螺母原位回转,螺杆做往复直线运动。双动螺旋传动的运动形式见表5—8。

表5—8 双动螺旋传动的运动形式

运动形式	应用实例	工作过程
螺杆原位回转,螺母做直线运动	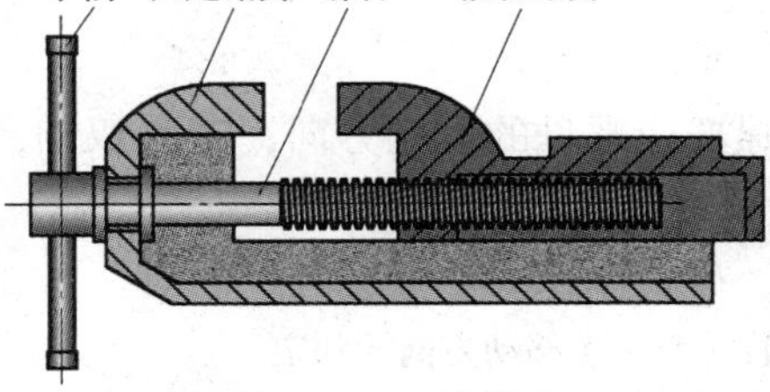 桌虎钳夹紧工件机构	转动手柄时,与手柄固接在一起的螺杆旋转,使活动钳身（螺母）做横向往复运动,从而实现对工件的夹紧和松开
螺母原位回转,螺杆做直线运动	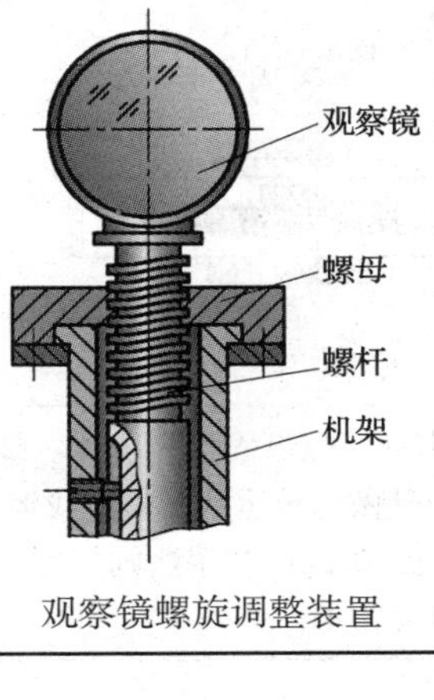 观察镜螺旋调整装置	螺母做回转运动时,螺杆带动观察镜向上或向下移动,从而实现对观察镜的上下调整

2. 普通螺旋传动运动方向的判定

（1）螺纹旋向的判别

螺纹旋向分右旋、左旋两种，沿右旋螺旋线形成的螺纹为右旋螺纹，沿左旋螺旋线形成的螺纹为左旋螺纹。右旋螺杆旋入螺孔时沿顺时针方向旋转，左旋螺杆旋入螺孔时沿逆时针方向旋转。当螺纹的轴线竖直放置时，右旋螺纹的可见部分自左向右升高，左旋螺纹的可见部分则自右向左升高。螺纹的旋向还可以用左右手来判别（图5—23），方法如下：

1）伸出右手（或左手），手心对着自己，把螺纹放在手心上。

2）四指的指向与螺纹轴线方向相同。

3）右旋螺纹的旋向和右手大拇指的指向相同，左旋螺纹的旋向和左手大拇指的指向相同。

（2）螺杆或螺母移动方向的判别

在普通螺旋传动中，螺杆或螺母的移动方向可用左、右手法则判断。具体方法如下：

1）左旋螺纹用左手判断，右旋螺纹用右手判断。

2）弯曲四指，其指向与螺杆或螺母回转方向相同。

3）大拇指与螺杆轴线方向一致。

4）若为单动，大拇指的指向即为螺杆或螺母的运动方向；若为双动，则与大拇指指向相反的方向即为螺杆或螺母的运动方向，见表5—9。

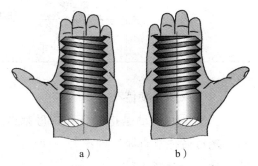

● 图5—23　螺纹的旋向及判别方法
a）左旋螺纹　b）右旋螺纹

表5—9　　　　　　　　　　　普通螺旋传动螺杆（螺母）移动方向的判定

传动形式	应用实例	
单动螺旋传动	图例	活动钳身　固定钳身　螺杆　螺母　固定钳身
	移动方向判别	图示为桌虎钳夹紧机构，固定钳身与螺母固连为一体。螺杆相对固定钳身回转并做直线运动。该机构属于螺杆既做旋转运动又做直线运动的单动螺旋传动。根据图示可判断螺纹的旋向为右旋，所以用右手法则判别。当螺杆顺时针旋转时，螺杆向右运动，带动活动钳身夹紧工件

续表

传动形式	应用实例		
双动螺旋传动	图例	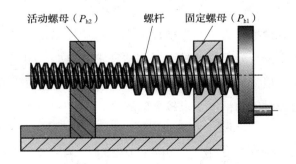	
	移动方向判别	图示为车床丝杠螺母的螺旋传动机构，丝杠安装在床身上，只能做旋转运动，床鞍与开合螺母连为一体，沿导轨做直线运动。该机构属于螺杆回转、螺母做直线运动的双动螺旋传动。根据图示可判断螺纹的旋向为右旋，所以用右手法则判别。当螺杆顺时针旋转时，开合螺母向拇指的反方向运动，即向左移动	

二、差动螺旋传动

　　差动螺旋传动是指由在同一螺杆上具有两个不同导程（或旋向）的螺旋副组成的传动。

　　根据传动中两螺旋副的旋向，可分为旋向相同的差动螺旋传动和旋向相反的差动螺旋传动两种形式。

1. 旋向相同的差动螺旋传动

　　旋向相同的差动螺旋传动是指螺杆上两螺纹（固定螺母与活动螺母）旋向相同而螺距不同的差动螺旋传动。如图 5—24 所示，螺杆上有两段螺纹（导程分别为 P_{h1} 和 P_{h2}），分别与固定螺母（机架）和活动螺母组成两个螺旋副，这两个螺旋副组成的传动，使活动螺母与螺杆产生不一致的轴向运动。

● 图 5—24　旋向相同的差动螺旋传动

2. 旋向相反的差动螺旋传动

旋向相反的差动螺旋传动是指螺杆上两螺纹旋向相反的差动螺旋传动，如图5—25所示。

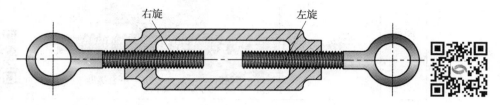

右旋　　　左旋

● 图5—25　旋向相反的差动螺旋传动

三、滚珠螺旋传动

在普通螺旋传动中，由于螺杆与螺母牙侧表面之间是滑动摩擦，因此，传动阻力大，摩擦损失严重，效率低。为了改善螺旋传动的功能，可采用滚珠螺旋传动，用滚动摩擦来代替滑动摩擦。

滚珠螺旋传动主要由滚珠、螺杆、螺母及滚珠循环装置组成，如图5—26所示。当螺杆或螺母转动时，滚珠在螺杆与螺母间的螺纹滚道内滚动，螺杆与滚珠、滚珠与螺母间为滚动摩擦，从而提高了传动效率和传动精度。

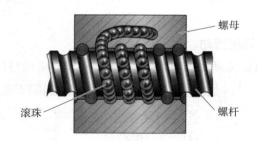

螺母

滚珠　　　　螺杆

● 图5—26　滚珠螺旋传动

滚珠螺旋传动具有摩擦阻力小、摩擦损失小、传动效率高、传递运动平稳、运动灵敏等优点。但其结构复杂、外形尺寸较大、制造技术要求高，因此成本也较高。滚珠螺旋传动目前主要应用于精密传动的数控机床，以及自动控制装置、升降机构、精密测量仪器、车辆转向机构等对传动精度要求较高的场合。

§5—4　链传动

链传动主要用于一般机械中传递运动和动力，也可用于物料输送等场合。传动链主要有套筒滚子链和齿形链，使用最广泛的是套筒滚子链。链传动的应用非常广泛，自行车（图5—27）的运动就是通过链传动来实现的。除日常生活外，链传动还广泛应用于轻工、矿山、农业、运输、起重、机床等机械的传动中。

● 图5—27　自行车及链传动

一、链传动及其传动比

链传动由主动链轮、从动链轮和传动链组成，如图5—28所示。链轮上制有特殊齿形的齿，通过链轮轮齿与链条的啮合来传递运动和动力。

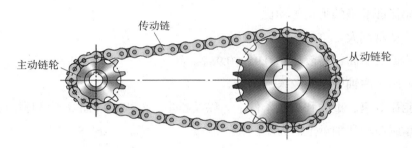

● 图5—28　链传动

在链传动中，主动链轮每转过一个齿，链条移动一个链节，从动链轮被链条带动转过一个齿。如图5—29所示，设主动链轮的齿数为z_1，从动链轮的齿数为z_2，当主动链轮的转速为n_1、从动链轮的转速为n_2时，单位时间内主动链轮转过的齿数z_1n_1与从动链轮转过的齿数z_2n_2相等，即

$$z_1n_1=z_2n_2 \quad 或 \quad \frac{n_1}{n_2}=\frac{z_2}{z_1}$$

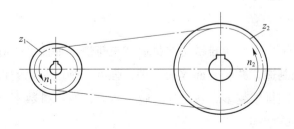

● 图5—29　链传动的传动比

主动链轮的转速n_1与从动链轮的转速n_2之比称为链传动的传动比，表达式为

$$i_{12}=\frac{n_1}{n_2}=\frac{z_2}{z_1}$$

式中　n_1、n_2——主、从动链轮的转速，r/min；

　　　z_1、z_2——主、从动链轮的齿数。

二、链传动的应用特点

链传动的传动比是恒定的。链传动的传动比一般为 $i\leqslant8$，低速传动时 i 可达 10；两轴中心距 a 可达 $5\sim6$ m；传动功率 $P\leqslant100$ kW；链条速度 $v\leqslant15$ m/s，高速时可达 $20\sim40$ m/s。与带传动相比，链传动具有以下特点：

1. 优点

（1）能保证准确的平均传动比。

（2）传动功率大。

（3）传动效率高，一般可达 $0.95\sim0.98$。

（4）可用于两轴中心距较大的场合。

（5）能在低速、重载和高温条件下，以及粉尘、淋水、淋油等不良环境中工作。

（6）作用在轴和轴承上的力小。

2. 缺点

（1）由于链节的多边形运动，所以瞬时传动比是变化的，瞬时链速度不是常数，传动中会产生动载荷和冲击，因此不宜用于要求精密传动的机械上。

（2）链条的铰链磨损后，使链条节距变大，传动中链条容易脱落。

（3）工作时有噪声。

（4）对安装和维护要求较高。

（5）无过载保护作用。

三、套筒滚子链传动

1. 套筒滚子链

常用的套筒滚子链主要有单排链、双排链和三排链，如图 5—30 所示。链条中的零件由碳素钢或合金钢制造，并经表面淬火处理，强度、硬度及耐磨性好。滚子链的承载能力与排数成正比，但排数越多，各排受力越不均匀，所以排数不能过多。

（1）套筒滚子链的结构

如图 5—31 所示为单排滚子链的结构，它由内链板、外链板、销轴、套筒、滚子等组成。销轴与外链板、套筒与内链板之间采用过盈配合连接；而销轴与套筒、滚子与套筒之间则为间隙配合，以保证链节屈伸时，内链板与外链板之间能相对转动，滚子与套筒、套筒与销轴之间可以自由转动。当链条与链轮啮合时，滚子与链轮轮齿相对滚动，两者之间主要是滚动摩擦，从而减少了链条和链轮轮齿的磨损。双排滚子链的结构与单排滚子链类似，如图 5—32 所示。

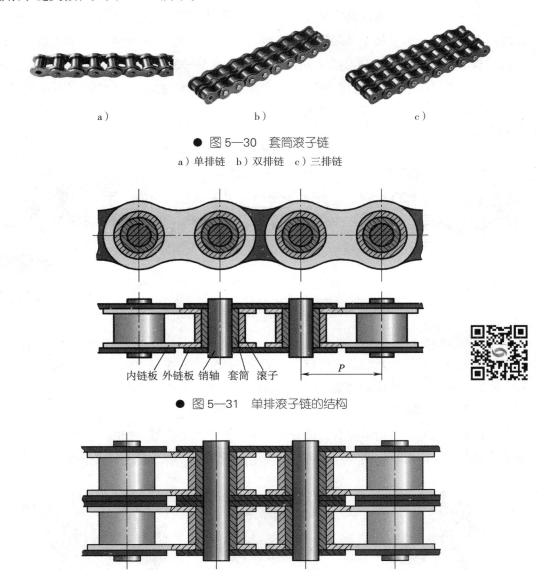

a）　　　　　　　　　　b）　　　　　　　　　　c）

● 图 5—30　套筒滚子链

a）单排链　b）双排链　c）三排链

内链板　外链板　销轴　套筒　滚子　　　　　P

● 图 5—31　单排滚子链的结构

● 图 5—32　双排滚子链的结构

（2）滚子链的主要参数

1）节距

链条相邻两销轴中心线之间的距离称为节距，用符号 P 表示（图 5—31）。节距是链的主要参数，链的节距越大，承载能力越强，但链传动的结构尺寸也会相应增大，传动的振动、冲击和噪声也越严重。因此，应用时尽可能选用小节距的链。高速、大功率传动时，可选用小节距的双排链或多排链。

2）节数

链条的节是组成链条的最小单元，链条的节数是指每一根链条节的总数，滚子链的长度与节数有关。为了使链条两端便于连接，链节数应尽量选取偶数，以便连接时正好使内链板和外链板相接。链接头处可用开口销（图5—33a）或弹簧夹（图5—33b）锁定。当链节数为奇数时，链接头需采用过渡链节（图5—33c）。过渡链节不仅制造复杂，而且抗拉强度较低，因此尽量不采用。

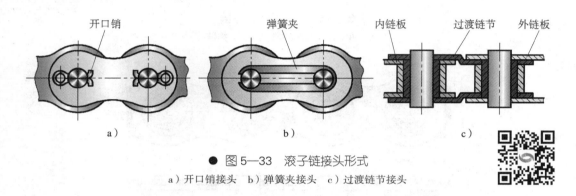

● 图5—33 滚子链接头形式

a）开口销接头 b）弹簧夹接头 c）过渡链节接头

3）链条速度

链条速度不宜过大，链条速度越大，链条与链轮间的冲击力也越大，会使传动不平稳，同时加速链条和链轮的磨损。一般要求链条速度不大于 15 m/s。

2. 套筒滚子链链轮

套筒滚子链链轮要与链配套，也分为单排、双排和三排等，如图5—34所示。套筒滚子链链轮的轮齿形状如图5—35所示，其轮齿的齿形一般由三段圆弧组成。

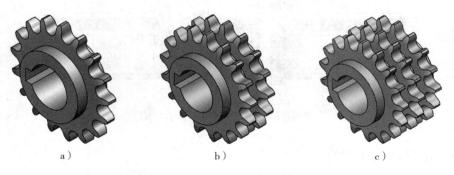

● 图5—34 套筒滚子链链轮的种类

a）单排 b）双排 c）三排

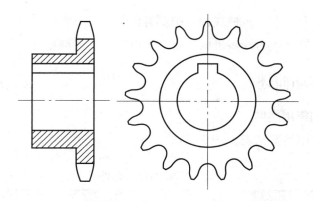

● 图 5—35 套筒滚子链链轮的轮齿形状

为保证传动平稳，减少冲击和动载荷，小链轮齿数不宜过小，一般应大于 17。大链轮齿数也不宜过多，齿数过多除了增大传动尺寸和质量外，还会出现跳齿和脱链等现象，大链轮齿数一般应小于 120。由于链节数常取偶数，为使链条与链轮轮齿磨损均匀，链轮齿数一般应取与链节数互为质数的奇数。

四、齿形链传动

齿形链又称无声链，也属于传动链中的一种形式。它由一系列的齿链板和导板交替叠加，用铰链连接而成，如图 5—36 所示。与套筒滚子链相比，齿形链传动平稳性好、传动速度快、噪声较小、承受冲击性能较好，但结构复杂、拆装困难、质量较大、易磨损、成本较高，主要用在高速、重载、低噪声、大中心距的场合。

a) b)

● 图 5—36 齿形链及齿形链传动
a) 齿形链 b) 齿形链传动

§5—5 齿轮传动

齿轮传动是机器中传递运动和动力的最主要形式之一。在金属切削机床、工程机械、冶金机械，以及汽车、机械式钟表中都有齿轮传动。齿轮传动是机器中所占比重最大的传动形式，齿轮已成为许多机械设备中不可缺少的传动零件。

一、齿轮传动概述

1. 齿轮传动的常用类型

齿轮传动的常用类型见表 5—10。

表 5—10 　　　　　　　　　　　　齿轮传动的常用类型

分类方法		类型和图例		
两轴平行	按轮齿方向	类型	直齿圆柱齿轮传动	斜齿圆柱齿轮传动	人字齿圆柱齿轮传动
		图例			
	按啮合情况	类型	外啮合齿轮传动	内啮合齿轮传动	齿轮齿条传动
		图例			
两轴不平行		类型	相交轴齿轮传动		交错轴斜齿圆柱齿轮传动
			直齿锥齿轮传动	斜齿锥齿轮传动	
		图例			

2. 齿轮传动的传动比

在某齿轮传动中，主动齿轮的齿数为 z_1，从动齿轮的齿数为 z_2，主动齿轮每转过一个齿，从动齿轮也转过一个齿。当主动齿轮的转速为 n_1、从动齿轮的转速为 n_2 时，单位时间内主动齿轮转过的齿数 n_1z_1 与从动齿轮转过的齿数 n_2z_2 应相等，即

$$n_1z_1=n_2z_2$$

得到齿轮传动的传动比：

$$i_{12}=\frac{n_1}{n_2}=\frac{z_2}{z_1}$$

式中　n_1、n_2——主、从动齿轮的转速，r/min；

　　　z_1、z_2——主、从动齿轮的齿数。

上式说明：齿轮传动的传动比是主动齿轮转速与从动齿轮转速之比，也等于两齿轮齿数之反比。

3. 齿轮传动的应用特点

（1）优点

1）能保证瞬时传动比恒定，工作可靠性高，传递运动准确，这是齿轮传动被广泛应用的最主要原因之一。

2）传递功率和圆周速度范围较宽，传递功率可高达 5×10^4 kW，圆周速度可达 300 m/s。

3）结构紧凑，可实现较大的传动比。

4）传动效率高，使用寿命长，维护简便。

（2）缺点

1）运转过程中有振动、冲击和噪声。

2）对齿轮的安装要求较高。

3）不能实现无级变速。

4）不适用于中心距较大的场合。

二、外啮合直齿圆柱齿轮

1. 渐开线齿轮

（1）渐开线的形成

如图 5—37 所示，在某平面上，动直线 AB 沿一固定圆做纯滚动，此动直线 AB 上任意一点 K 的运动轨迹 CK 称为该圆的渐开线，该圆称为渐开线的基圆，其半径（基圆半径）用 r_b 表示，直线 AB 称为渐开线的发生线。

（2）渐开线齿轮的啮合特性

以同一个基圆上产生的两条反向渐开线为齿廓的齿轮就是渐开线齿轮，如图5—38所示。它能保证瞬时传动比的恒定，保证了传动的平稳性，减小了振动和冲击。

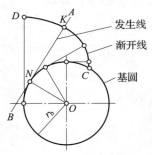

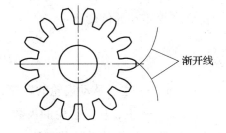

● 图5—37　渐开线的形成　　　　　　　　　　　● 图5—38　渐开线齿轮

2. 渐开线标准直齿圆柱齿轮的压力角

在齿轮传动中，齿廓上某点所受正压力的方向（即齿廓上该点的法向）与速度方向线之间所夹的锐角称为压力角。如图5—39所示，K 点的压力角为 α_K。

渐开线齿廓上各点的压力角是不相等的，K 点离基圆越远，压力角越大，基圆上的压力角为0°。一般情况下所说的齿轮的压力角是指分度圆上的压力角，用 α 表示，其大小可用下式计算：

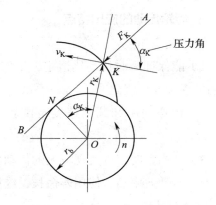

● 图5—39　齿轮轮齿的压力角

$$\cos\alpha = \frac{r_b}{r}$$

式中　α——分度圆上的压力角，（°）；

　　　r_b——基圆半径，mm；

　　　r——分度圆半径，mm。

国家标准规定：标准渐开线圆柱齿轮分度圆上的压力角 $\alpha=20°$。

3. 渐开线直齿圆柱齿轮正确啮合的条件

两渐开线直齿圆柱齿轮正确啮合的条件是：

（1）两齿轮的模数必须相等，即 $m_1=m_2$。

（2）两齿轮分度圆上的压力角必须相等，即 $\alpha_1=\alpha_2$。

三、其他齿轮传动

1. 内啮合直齿圆柱齿轮传动

如图 5—40 所示为内啮合直齿圆柱齿轮，它与外啮合直齿圆柱齿轮相比，具有以下不同点：

（1）内啮合直齿圆柱齿轮的齿顶圆小于分度圆，齿根圆大于分度圆。

（2）内啮合直齿圆柱齿轮的齿廓是内凹的，其齿厚和齿槽宽分别对应于外啮合直齿圆柱齿轮的齿槽宽和齿厚。

当要求齿轮传动轴平行，回转方向一致，且传动结构紧凑时，可采用内啮合直齿圆柱齿轮传动，如图 5—41 所示。

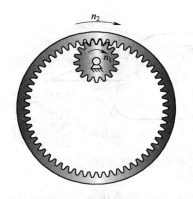

● 图 5—40 内啮合直齿圆柱齿轮　　　● 图 5—41 内啮合直齿圆柱齿轮传动

2. 齿轮齿条传动

齿条就像一个直径无限大的齿轮，其上各圆的直径趋向于无穷大，齿轮上的基圆、分度圆、齿顶圆等各圆成为基线、分度线、齿顶线等互相平行的直线，渐开线齿廓也变成直线齿廓，如图 5—42 所示。

齿轮齿条传动可以将齿轮的回转运动转换为齿条的往复直线运动，或将齿条的往复直线运动转换为齿轮的回转运动，如图 5—43 所示。

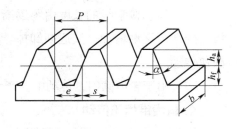

● 图 5—42 齿条

3. 斜齿圆柱齿轮传动

渐开线直齿圆柱齿轮的齿廓实际上是一个渐开面，它是发生面在基圆柱上做纯滚动时，其上任意一条与基圆柱母线 NN' 平行的直线 KK' 的运动轨迹，如图 5—44 所示。

斜齿圆柱齿轮的齿廓在形成时，发生面上的直线 KK' 不是与基圆柱母线 NN' 平行的，而是成一个夹角 β_b，如图 5—45 所示。直线 KK' 所形成的一个螺旋形的渐开线曲面称为渐开线螺旋面。

斜齿圆柱齿轮的形状如图5—46所示。

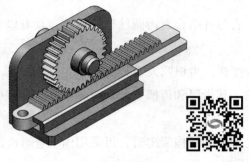

● 图5—43 齿轮齿条传动

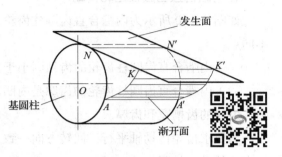

● 图5—44 直齿圆柱齿轮齿廓的形成

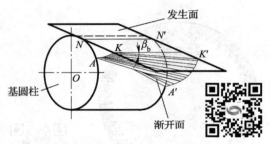

● 图5—45 斜齿圆柱齿轮齿廓的形成

● 图5—46 斜齿圆柱齿轮的形状

与直齿圆柱齿轮传动相比，斜齿圆柱齿轮传动具有以下特点：

（1）同时啮合的轮齿数量要比直齿圆柱齿轮传动多，啮合的重合度大，承载能力高，可用于大功率传动。

（2）齿廓接触线的长度由零逐渐增长，然后又逐渐缩短，直至脱离接触，从而使轮齿上的载荷逐渐增加，又逐渐卸掉。其承载和卸载平稳，冲击、振动和噪声小，可用于高速传动。

（3）由于轮齿倾斜，传动中会产生一个有害的轴向力，增大了传动装置的摩擦损失。

4. 直齿锥齿轮传动

锥齿轮的轮齿分布在圆锥面上，有直齿、斜齿和曲线齿三种，其中直齿锥齿轮应用最广。

直齿锥齿轮应用于两轴相交时的传动，两轴间的交角可以任意，在实际应用中多采用两轴互相垂直的传动形式，如图5—47所示。

由于锥齿轮的轮齿分布在圆锥面上，所以轮齿的尺寸沿着齿宽方向变化，大端轮齿的尺寸大，小端轮齿的尺寸小。为了便于测量，并使测量时的相对误差尽量小，规定以大端参数作为标准参数。

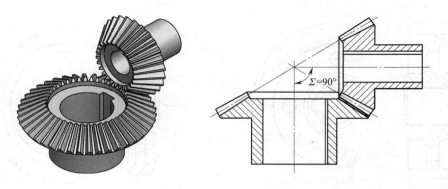

● 图5—47 直齿锥齿轮传动

为保证正确啮合，直齿锥齿轮传动应满足以下条件：

（1）两齿轮的大端端面模数相等，即 $m_{t1}=m_{t2}=m$。

（2）两齿轮的大端压力角相等，即 $\alpha_1=\alpha_2=\alpha$。

四、齿轮的结构

齿轮的常用结构形式有齿轮轴（图5—48）、实体式齿轮（图5—49）、腹板式齿轮（图5—50）、轮辐式齿轮（图5—51）等。

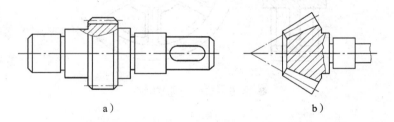

a） b）

● 图5—48 齿轮轴

a）圆柱齿轮 b）锥齿轮

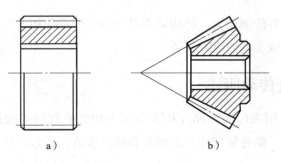

a） b）

● 图5—49 实体式齿轮

a）圆柱齿轮 b）锥齿轮

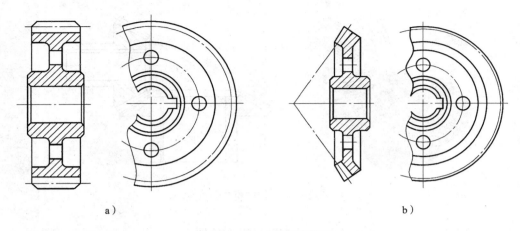

a)   b)

● 图 5—50　腹板式齿轮

a ）圆柱齿轮　b ）锥齿轮

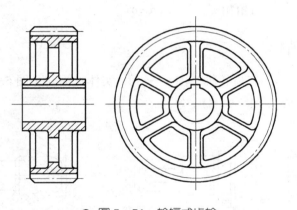

● 图 5—51　轮辐式齿轮

§5—6　蜗轮蜗杆传动

蜗轮蜗杆传动具有传动比大、结构紧凑等优点，广泛应用于机床、汽车、仪器、起重运输机械、冶金机械及其他机械设备中。

一、蜗轮蜗杆传动概述

蜗轮蜗杆传动是用来传递空间互相垂直而不相交的两轴间的运动或动力的传动机构，如图 5—52 所示。蜗轮蜗杆传动由蜗轮和蜗杆组成，通常由蜗杆（主动件）带动蜗轮（从动件）转动。

1. 蜗杆

蜗轮蜗杆传动相当于两轴交错成 90° 的螺旋齿轮传动，只是小齿轮的螺旋角很大，而直径却很小，因而在圆柱面上形成了连续的螺旋面齿，这种只有一个或几个螺旋齿的斜齿轮就是蜗杆。蜗杆的类型很多，如阿基米德蜗杆、法向直廓蜗杆、渐开线蜗杆、锥面包络圆柱蜗杆和圆弧圆柱蜗杆。最常用的蜗杆为阿基米德蜗杆，其形状如图5—53所示，它的轴向齿廓为直线，法向齿廓为渐开线。

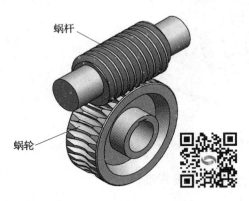

● 图5—52　蜗轮蜗杆传动

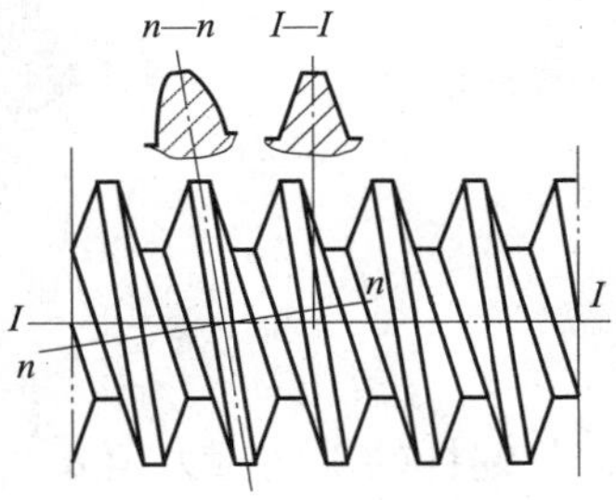

● 图5—53　阿基米德蜗杆

2. 蜗轮

与蜗杆组成交错轴齿轮副且轮齿沿着齿宽方向呈内凹弧形的斜齿轮称为蜗轮，如图5—54所示。蜗轮一般在滚齿机上用与蜗杆形状和参数相同的滚刀或飞刀加工而成。

3. 蜗轮蜗杆传动的特点

蜗轮蜗杆传动的主要特点是结构紧凑，工作平稳，无噪声，冲击和振动小，能得到很大的单级传动比。当用来传递动力时，其传动比可为8~80；在分度机构中或仅是传递运动时，其传动比可达1 000或更大。

● 图5—54　蜗轮

二、蜗轮蜗杆传动的主要参数

在蜗轮蜗杆传动中，其主要参数及几何尺寸计算均以中间平面为准。通过蜗杆轴线并与蜗轮轴线垂直的平面称为中间平面，如图5—55所示。在此平面内，蜗杆相当于齿条，蜗轮相当于渐开线齿轮，蜗杆与蜗轮的啮合相当于齿条与渐开线齿轮的啮合。国家标准规定：蜗轮和蜗杆都以中间平面上的参数为标准参数。

1. 模数 m、压力角 α

蜗杆的轴向模数 m_{x1} 和蜗轮的端面模数 m_{t2} 相等，且为标准值，即

$$m_{x1}=m_{t2}=m$$

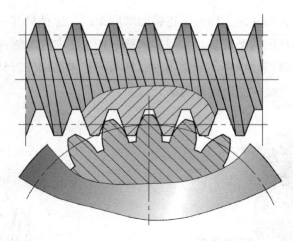

● 图 5—55　蜗轮蜗杆传动的中间平面

蜗杆的轴向压力角 α_{x1} 和蜗轮的端面压力角 α_{t2} 相等，且为标准值，即

$$\alpha_{x1}=\alpha_{t2}=\alpha=20°$$

2. 蜗杆头数 z_1 和蜗轮齿数 z_2

一般推荐选用蜗杆头数 z_1=1、2、4、6。蜗杆头数少，则蜗轮蜗杆传动的传动比大，容易自锁，传动效率较低；蜗杆头数越多，传动效率越高，但加工也越困难。

蜗轮齿数 z_2 可根据蜗杆头数 z_1 和传动比 i 来确定，一般推荐 z_2=29 ~ 80。

3. 蜗轮蜗杆传动的传动比 i

蜗轮蜗杆传动的传动比为

$$i= \frac{n_1}{n_2} = \frac{z_2}{z_1}$$

式中　n_1——蜗杆转速；

n_2——蜗轮转速；

z_1——蜗杆头数；

z_2——蜗轮齿数。

4. 蜗杆、蜗轮的旋向

蜗杆的旋向有左旋和右旋两种，同样，蜗轮也有左旋和右旋之分。

三、蜗轮回转方向的判定

在蜗轮蜗杆传动中，蜗轮、蜗杆齿的旋向应一致，即同为左旋或右旋。蜗轮的回转方向取决于蜗杆齿的旋向和蜗杆的回转方向，可用左（右）手定则来判定，见表 5—11。

表 5—11　　　　　　　　蜗轮、蜗杆齿的旋向及蜗轮回转方向的判定方法

要求	图例	判定方法
判断蜗杆或蜗轮齿的旋向	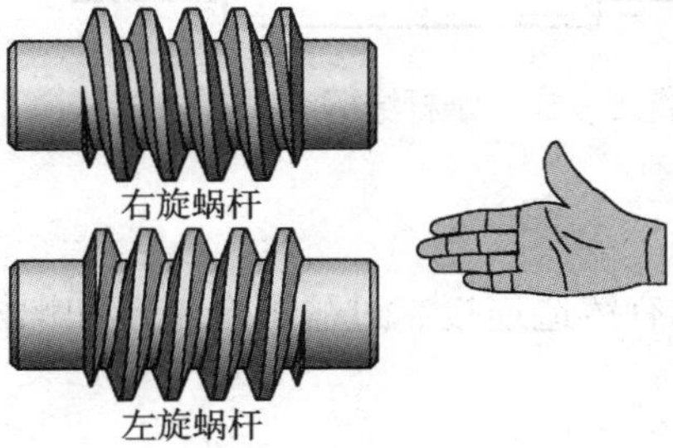 右旋蜗杆 左旋蜗杆 右旋蜗轮　　左旋蜗轮	右手定则： 　手心对着自己，四指顺着蜗杆或蜗轮轴线方向摆正，若齿向与右手拇指指向一致，则该蜗杆或蜗轮为右旋，反之则为左旋
判断蜗轮的回转方向	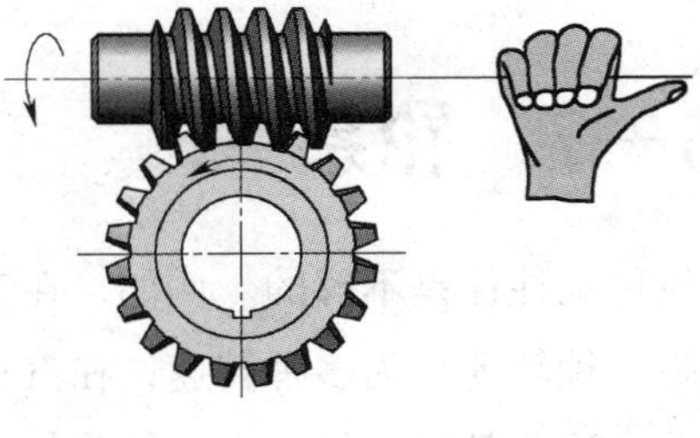	左、右手定则： 　左旋蜗杆用左手，右旋蜗杆用右手。四指弯曲与蜗杆的回转方向相同，拇指伸直代表蜗杆轴线，则拇指所指方向的相反方向即为蜗轮上啮合点的线速度方向

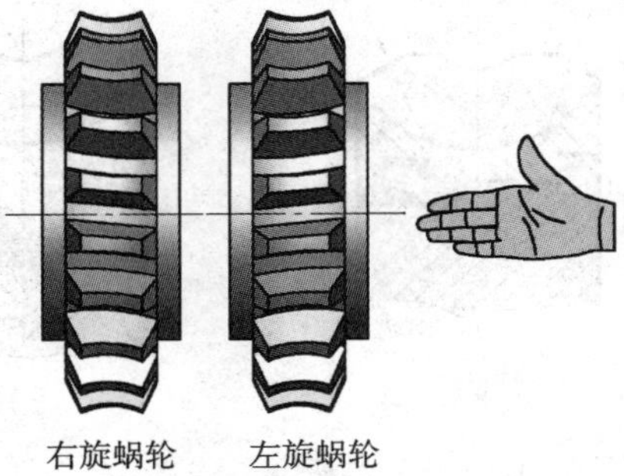

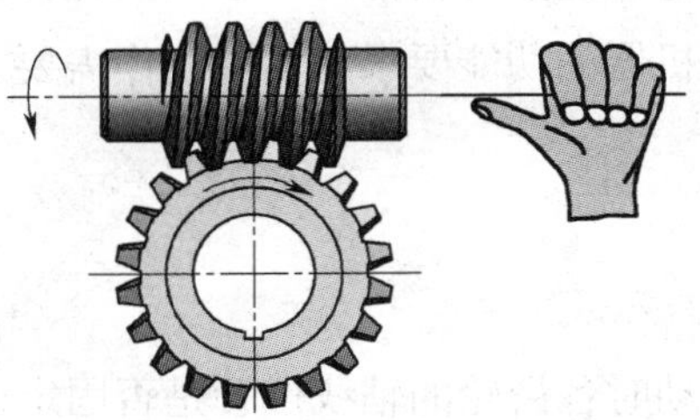

四、蜗杆蜗轮的结构

1. 蜗杆结构

蜗杆通常与轴合为一体，结构如图 5—56 所示。

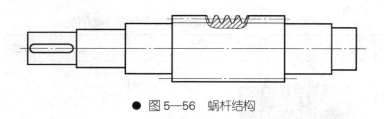

● 图 5—56　蜗杆结构

2. 蜗轮结构

蜗轮常采用组合结构，连接方式有铸造连接、过盈配合连接和螺栓连接，结构如图 5—57 所示。

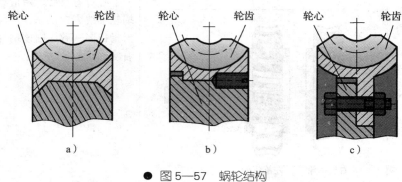

● 图 5—57　蜗轮结构

a）铸造连接　b）过盈配合连接　c）螺栓连接

§5—7　轮系

在机械传动中，仅仅依靠一对齿轮传动往往是不够的。例如，在各种机床中需要把电动机高转速变成主轴的低转速，或将一种转速变为多种转速；在汽车动力系统中，需要把发动机的一种转速转变为多种转速。这些都要依靠一系列彼此相互啮合的齿轮所组成的齿轮机构来实现。这种为了满足机器的功能要求和实际工作需要，所采用的多对相互啮合齿轮组成的传动系统称为轮系。

一、轮系的分类

轮系的形式有很多，按照轮系传动时各齿轮的轴线位置是否固定分为定轴轮系、周转轮系和混合轮系三大类。

1. 定轴轮系

轮系运转时，各齿轮的几何轴线位置均相对固定不变，这种轮系称为定轴轮系，也称为普通轮系，如图 5—58 所示。

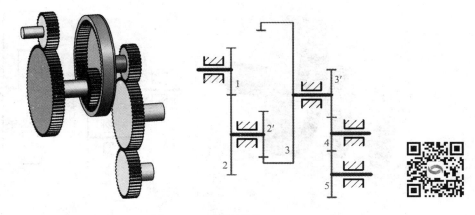

● 图 5—58　定轴轮系

2. 周转轮系

轮系运转时，至少有一个齿轮的几何轴线的位置是不固定的，并且绕另一个齿轮的固定轴线转动，这种轮系称为周转轮系。如图 5—59 所示，齿轮 1、4 只能绕自身几何轴线 O 回转，齿轮 3 一方面绕自身轴线 O_1 回转，另一方面又绕固定轴线 O 回转。

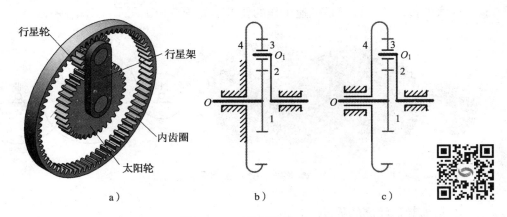

● 图 5—59　周转轮系

a）立体图　b）行星轮系　c）差动轮系

周转轮系由太阳轮、内齿圈、行星轮和行星架组成。位于中心位置的外啮合齿轮称为太阳轮，位于最外面的内啮合齿轮称为内齿圈，它们统称为中心轮；同时与太阳轮和内齿圈啮合，既做自转又做公转的齿轮称为行星轮；支承行星轮的构件称为行星架。

周转轮系分为行星轮系与差动轮系两种。有一个中心轮的转速为零的周转轮系称为行星轮系（图 5—59b），中心轮的转速都不为零的周转轮系称为差动轮系（图 5—59c）。

3. 混合轮系

在轮系中，既有定轴轮系又有行星轮系的轮系称为混合轮系，如图 5—60 所示。

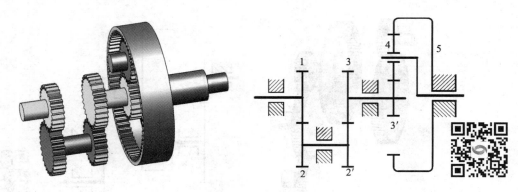

● 图 5—60　混合轮系

二、轮系的应用特点

1. 可获得很大的传动比

当两轴之间的传动比较大时，若仅用一对齿轮传动，则两个齿轮的齿数差一定很大，导致小齿轮磨损加快。又因为大齿轮齿数太多，使得齿轮传动结构尺寸增大。为此，一对齿轮传动的传动比不能过大（一般 $i_{12}=3 \sim 5$，$i_{max} \leq 8$）。而采用轮系传动，可以获得很大的传动比，以满足低速工作的要求。如图 5—61 所示，$i_{13}=i_{12} \times i_{23}$。

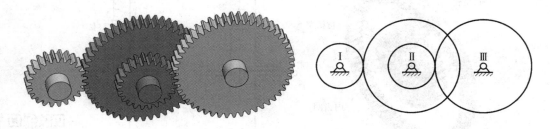

● 图 5—61　获得很大的传动比

2. 可做较远距离的传动

当两轴中心距较大时，如用一对齿轮传动，则两齿轮结构尺寸必然很大，导致传动机构庞大。而采用轮系传动，可使结构紧凑，缩小传动装置的空间，节约材料，如图 5—62 所示。

3. 可以方便地实现变速要求

在金属切削机床、汽车等机械设备中，经过轮系传动，可使输出轴获得多级转速，以满足不同工作的要求。

如图 5—63 所示，齿轮 1、2 是双联滑移齿轮，可在轴 I 上滑移。当齿轮 1 和齿轮 3 啮合时，轴 II 获得一种转速；当双联滑移齿轮右移，使齿轮 2 和齿轮 4 啮合时，轴 II 获得另一种转速（齿轮 1、3 和齿轮 2、4 传动比不同）。

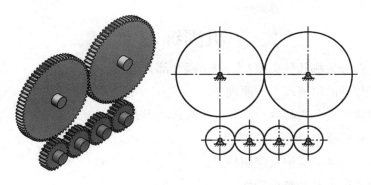

● 图 5—62 远距离传动

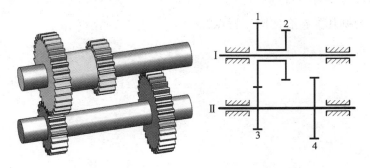

● 图 5—63 滑移齿轮变速机构

4. 可以方便地实现变向要求

如图 5—64a 所示，当齿轮 1（主动齿轮）与齿轮 3（从动齿轮）直接啮合时，齿轮 3 和齿轮 1 的转向相反。若在两轮之间增加一个齿轮 2，如图 5—64b 所示，则齿轮 3 和齿轮 1 的转向相同。因此，利用中间齿轮（也称惰轮或过桥轮）可以改变从动齿轮的转向。

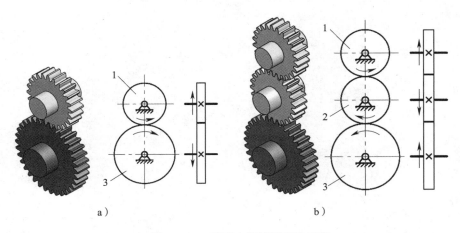

a）   b）

● 图 5—64 利用中间齿轮变向机构

巩固练习

1. 机器一般分为哪几种类型？一般由哪几部分组成？

2. 简述带传动的组成和工作原理。

3. 普通螺旋传动分为哪两类？各有什么运动形式？

4. 链传动有何优点？

5. 简述齿轮传动的类型及应用特点。

6. 简述渐开线齿轮的啮合特性。

7. 蜗轮蜗杆传动有何特点？

8. 轮系分为哪几类？有何应用特点？

第六章
常用机构

§6—1　平面连杆机构

平面连杆机构是由一些刚性构件用转动副或移动副相互连接而成，在同一平面或相互平行的平面内运动的机构。平面连杆机构能够实现某些较为复杂的平面运动，在生产和生活中广泛用于动力的传递或改变运动形式。如图 6—1 所示为港口用门座式起重机，它利用平面连杆机构实现货物的水平移动。平面连杆机构构件的形状多种多样，不一定为杆状，但从运动原理来看，均可用等效的杆状构件替代，如图 6—2 所示为港口用门座式起重机起重机构的机构运动简图。最常用的平面连杆机构是具有四个构件（包括机架）的机构，称为平面四杆机构。构件间以四个转动副相连的平面四杆机构称为平面铰链四杆机构，简称铰链四杆机构。

a）

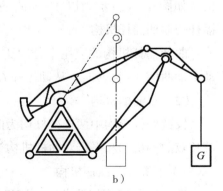

b）

● 图 6—1　门座式起重机

a）实物图　b）起重机构的结构简图

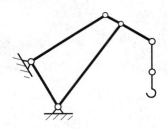

● 图 6—2　门座式起重机起重机构的机构运动简图

一、铰链四杆机构的组成及分类

1. 铰链四杆机构的组成

如图 6—3 所示，在铰链四杆机构中，固定不动的构件称为机架，不与机架直接相连的构件称为连杆，与机架相连的构件称为连架杆。能绕固定轴做整周旋转运动的连架杆称为曲柄，只能绕固定轴在一定角度（小于 180°）范围内摆动的连架杆称为摇杆。

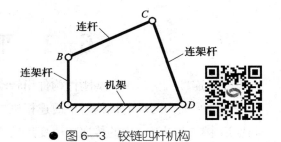

● 图 6—3　铰链四杆机构

2. 铰链四杆机构的类型

铰链四杆机构按两连架杆的运动形式不同，分为曲柄摇杆机构、双曲柄机构和双摇杆机构三种基本类型。

（1）曲柄摇杆机构

铰链四杆机构的两个连架杆中，其中一个是曲柄，另一个是摇杆的称为曲柄摇杆机构。如图 6—4 所示为以 AB 为曲柄、CD 为摇杆的曲柄摇杆机构。

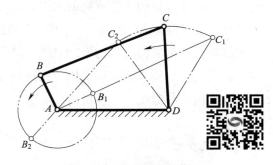

● 图 6—4　曲柄摇杆机构

曲柄摇杆机构的应用十分广泛，如图 6—5 所示的汽车玻璃窗刮水器，当电动机带动主动曲柄 AB 回转时，从动摇杆 CD 做往复摆动，利用摇杆的延长部分实现刮水动作。

（2）双曲柄机构

铰链四杆机构中两连架杆均为曲柄的称为双曲柄机构。常见的双曲柄机构类型有不等长双曲柄机构和平行双曲柄机构等。

1）不等长双曲柄机构

两曲柄长度不相等的双曲柄机构称为不等长双曲柄机构，如图 6—6 所示。双曲柄机构中，通常主动曲柄做等速转动，从动曲柄做变速转动。

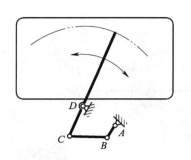

● 图6—5 汽车玻璃窗刮水器

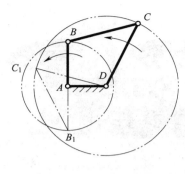

● 图6—6 不等长双曲柄机构

如图6—7所示的惯性筛是双曲柄机构在生产实践中的典型例子。主动曲柄 *AB* 做匀速转动,从动曲柄 *CD* 做变速转动,通过构件 *CE* 使筛子产生变速直线运动,筛子内的物料因惯性而来回做往复抖动,从而起到筛分物料的作用。

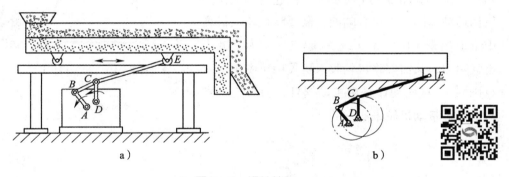

a)   b)

● 图6—7 惯性筛

a)结构示意图 b)机构运动简图

2)平行双曲柄机构

连杆与机架的长度相等且两曲柄长度相等、曲柄转向相同的双曲柄机构称为平行双曲柄机构。

如图6—8所示,四个构件在任何位置均形成平行四边形,两曲柄的旋转方向与角速度恒相等。该机构的应用比较广

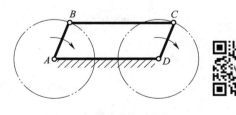

● 图6—8 平行双曲柄机构

泛,如图6—9所示的托盘天平,它利用了平行双曲柄机构中两曲柄的转向和角速度恒相等的特性,托盘天平由两组对边等长的杆组成,*A*、*D* 为固定点,*CB* 与 *C'B'* 始终保持平行。

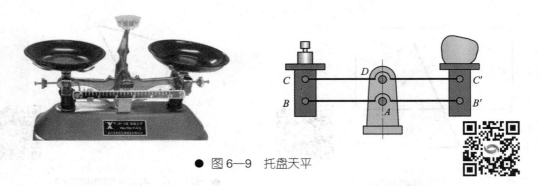

● 图6—9　托盘天平

（3）双摇杆机构

如图6—10所示，两连架杆均为摇杆的铰链
四杆机构称为双摇杆机构，机构中两摇杆都可以
分别作为主动杆，当连杆与摇杆共线时为机构的
两极限位置。图6—11所示为飞机起落架机构的
机构运动简图，飞机着陆前，需要将机轮从机翼
中推放出来（图中粗实线）；起飞后，为了减小
空气阻力，又需要将机轮收入机翼中（图中细双
点画线）。这些动作是由主动摇杆，通过连杆和
从动摇杆带动机轮来实现的。

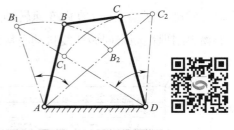

● 图6—10　双摇杆机构

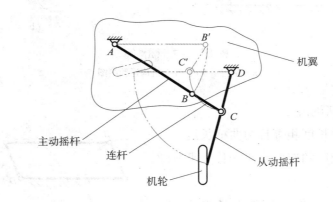

● 图6—11　飞机起落架机构

二、铰链四杆机构的演化

在实际生产中，除了以上介绍的铰链四杆机构的类型外，还广泛采用一些其他形式
的四杆机构。它们一般是通过改变铰链四杆机构中某些构件的形状、相对长度或选择不
同构件作为机架等方式演化而来的。

1. 曲柄滑块机构

曲柄滑块机构是具有一个曲柄和一个滑块的平面四杆机构，如图6—12所示，它是由曲柄摇杆机构演化而来的。

曲柄滑块机构在机械设备及生活用品中都得到了非常广泛的应用。如

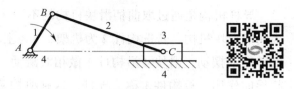

● 图6—12　曲柄滑块机构

图6—13所示为曲柄滑块机构在内燃机中的应用，活塞（滑块）、连杆、曲轴（曲柄）等组成了曲柄滑块机构。在做功行程中，活塞承受燃气压力在气缸内做直线运动，通过连杆转换成曲轴的旋转运动，并由曲轴对外输出动力。图6—14所示为冲压机，其机械装置带动曲轴（曲柄）旋转，再通过曲柄滑块机构转换成冲压头（滑块）的上下往复直线运动，完成对工件的压力加工。

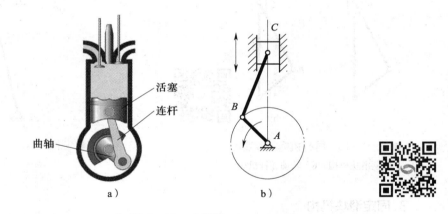

● 图6—13　内燃机

a）结构示意图　b）机构运动简图

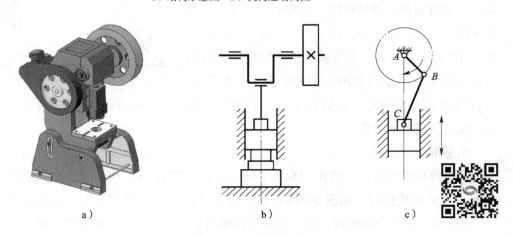

● 图6—14　冲压机

a）实物图　b）传动示意图　c）机构运动简图

2. 导杆机构

导杆机构是通过取曲柄滑块机构的不同构件作为机架而获得的。如图 6—15a 所示为曲柄滑块机构，若选构件 2 为机架，3 为主动件，当主动件 3 回转时，构件 1 将绕 A 点转动或摆动，滑块 4 沿构件 1 做相对滑动，如图 6—15b 所示。由于构件 1 对滑块 4 起导向作用，故构件 1 称为导杆，这种机构称为导杆机构。设该机构中杆 2 和杆 3 的长度分别为 L_2 和 L_3，若 $L_3>L_2$，则杆 3 和导杆 1 均能做整周旋转运动，这种机构称为转动导杆机构，如图 6—15b 所示；若 $L_3<L_2$，当杆 3 做整周转动时，导杆 1 只能做往复摆动，这种机构称为摆动导杆机构，如图 6—16 所示。

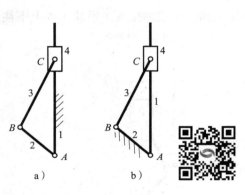

● 图 6—15 导杆机构的演变
a）曲柄滑块机构 b）转动导杆机构

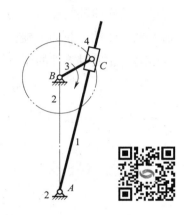

● 图 6—16 摆动导杆机构

3. 固定滑块机构

若将曲柄滑块机构（图 6—15a）中的滑块固定不动，就得到固定滑块机构，如图 6—17 所示。滑块 4 作为机架固定不动，BC 作为摇杆绕 C 点摆动，导杆 AC 做往复移动。手压抽水机是固定滑块机构的典型应用，其结构如图 6—18 所示。扳动手柄，可以使活塞杆（导杆）在唧筒（滑块）内上下移动，从而完成抽水动作。

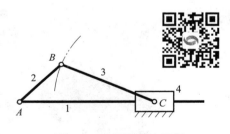

● 图 6—17 固定滑块机构

4. 曲柄摇块机构

若将曲柄滑块机构（图 6—15a）中的连杆 BC 作为机架，滑块只能绕 C 点摆动，就得到了曲柄摇块机构，如图 6—19 所示。这种装置广泛应用于液压驱动装置中，如图 6—20 所示的吊车升降机构，液压缸的缸体相当于摇块，活塞杆相当于导杆。当液压油推动活塞杆向上移动时，使起重臂 AB 绕 B 点旋转，吊钩上升，吊起重物。

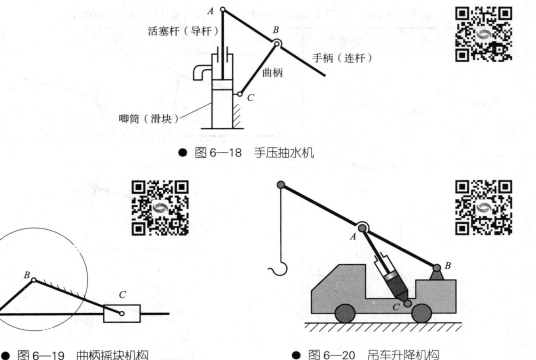

● 图6—18　手压抽水机

● 图6—19　曲柄摇块机构　　　　　　　　● 图6—20　吊车升降机构

三、四杆机构的基本性质

1. 曲柄存在的条件

曲柄是能做整周旋转的连架杆，只有这种能做整周旋转的构件才能用电动机等连续转动的装置来带动，所以能做整周旋转的构件在机构中具有重要地位，即曲柄是机构中的关键构件。

铰链四杆机构中是否存在曲柄，主要取决于机构中各杆的相对长度和机架的选择。铰链四杆机构存在曲柄，必须同时满足以下两个条件：

（1）最短杆与最长杆的长度之和小于或等于其他两杆长度之和。

（2）连架杆和机架中必有一杆是最短杆。

根据曲柄存在的条件，可以推论出铰链四杆机构三种基本类型的判别方法，见表6—1。

2. 急回特性

如图6—21所示曲柄摇杆机构中，当曲柄 AB 整周回转时，摇杆在 C_1D 和 C_2D 两极限位置之间做往复摆动。当摇杆处于 C_1D 和 C_2D 两极限位置时，曲柄与连杆共线，曲柄的两个对应位置所夹的锐角称为极位夹角，用 β 表示。

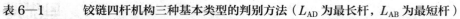

表6—1　　铰链四杆机构三种基本类型的判别方法（L_{AD} 为最长杆，L_{AB} 为最短杆）

类型	说明	条件	图示
曲柄摇杆机构	连架杆之一为最短杆	$L_{AD}+L_{AB}\leqslant L_{BC}+L_{CD}$	
双曲柄机构	机架为最短杆		
双摇杆机构	连杆为最短杆	$L_{AD}+L_{AB}\leqslant L_{BC}+L_{CD}$	
	不论哪个杆为机架，都无曲柄存在	$L_{AD}+L_{AB}>L_{BC}+L_{CD}$	

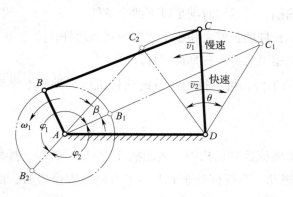

● 图6—21　曲柄摇杆机构的急回特性

当曲柄（主动件）沿逆时针方向等角速度连续转动，由 AB_1 位置转到 AB_2 位置时，转角 φ_1 为 $180°+\beta$，摇杆由 C_1D 摆到 C_2D，所用时间为 t_1；当曲柄由 AB_2 位置转到 AB_1 位置时，转角 φ_2 为 $180°-\beta$，摇杆由 C_2D 摆到 C_1D，所用时间为 t_2。摇杆往复摆动所用的时间不等（$t_1>t_2$），平均速度也不等。通常情况下，摇杆由 C_1D 摆到 C_2D 的过程被用作机构中从动件的工作行程，摇杆由 C_2D 摆到 C_1D 的过程被用作机构中从动件的空回行程。空回行程时的平均速度（$\bar{v}_2$）大于工作行程时的平均速度（$\bar{v}_1$），机构的这种性质称为急回特性。

机构的急回特性可用行程速比系数 K 表示，即

$$K=\frac{\bar{v}_2}{\bar{v}_1}=\frac{t_1}{t_2}=\frac{180°+\beta}{180°-\beta}$$

上式表明，当机构有极位夹角 β 时，机构具有急回特性；极位夹角 β 越大，机构的急回特性越明显；当极位夹角 $\beta=0°$ 时，机构往返所用的时间相同，机构无急回特性。利用铰链四杆机构的急回特性设计的机构，可以节省非工作时间，提高生产效率。如牛头刨床退刀速度明显高于工作速度，就是利用了铰链四杆机构的急回特性。

3. 死点位置

如图 6—22 所示曲柄摇杆机构中，如果摇杆 CD 为主动件，当摇杆摆动到极限位置 C_1D 或 C_2D 时，连杆 BC 与从动曲柄 AB 共线，则主动摇杆 CD 通过连杆 BC 加于从动曲柄 AB 上的力将经过从动件的铰链中心 A，从而使驱动力对从动曲柄 AB 的回转力矩为零，此时无论施加多大的驱动力，都不能使从动件曲柄 AB 转动。机构的这个位置称为死点位置。如图 6—23 所示的曲柄滑块机构中，当以滑块为主动件时，如果连杆与从动曲柄共线，则机构同样处于死点位置。

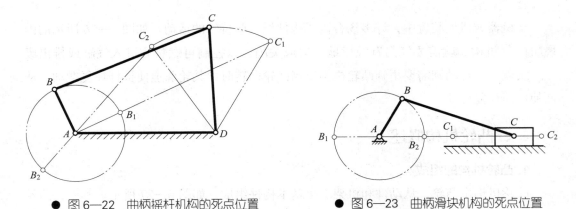

● 图 6—22　曲柄摇杆机构的死点位置　　● 图 6—23　曲柄滑块机构的死点位置

死点位置将使机构的从动件出现卡死或运动不确定现象。对于传动机构来说，为了使机构能顺利地通过死点位置而正常运转，必须采取适当的措施。如采用将两组以上

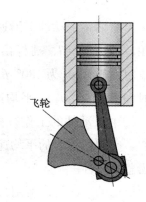

的机构组合使用，使各组机构的死点位置相互错开排列的方法；也可使用安装飞轮加大惯性的方法，借惯性作用通过死点位置。如图6—24所示的内燃机中，在曲柄上安装了一个飞轮，以增加曲柄的惯性，从而克服死点位置。

在工程实际中，也常常利用机构的死点位置来实现特定的工作要求。如图6—25所示的折叠桌，其桌腿的收放机构就是利用了死点位置的自锁性，当桌腿放开时，曲柄CD和连杆BC共线，机构处于死点位置。图6—11所示的飞机起落架机构也是利用了死点位置的自锁性，使飞机着陆时机轮能承受较大的压力而不会被折回。

● 图6—24　内燃机上的飞轮

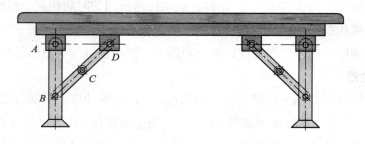

● 图6—25　折叠桌腿的收放机构

§6—2　凸轮机构

在机器或机械装置中，许多场合需要构件做一些特殊的运动，如图6—26所示的内燃机配气机构，就需要气门有规律地开启或关闭，以控制可燃物质进入气缸或排出废气，实现这一运动则需要用到凸轮机构。当凸轮回转时，其轮廓迫使推杆往复摆动，从而使气门往复移动。

一、凸轮机构概述

1. 凸轮机构的组成

凸轮机构由凸轮、从动件和机架三个基本构件组成，如图6—27所示。其中，凸轮是一个具有曲线轮廓或凹槽的构件，主动件凸轮通常做等速转动或移动。凸轮机构是通过高副接触使从动件得到所预期的运动规律。它广泛应用于各种机械，特别是自动机械、自动控制装置和装配生产线中。

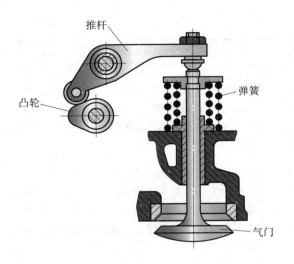

● 图6—26　内燃机配气机构

● 图6—27　凸轮机构的组成

2.凸轮机构的特点

（1）优点

结构简单紧凑，工作可靠，设计适当的凸轮轮廓曲线可使从动件获得任意预期的运动规律。

（2）缺点

凸轮与从动件（杆或滚子）之间以点或线接触，不便于润滑，易磨损，只适用于传力不大的场合，如用于自动机械、仪表、控制机构和调节机构中。

二、凸轮机构的类型

1.凸轮的类型

凸轮的种类很多，按凸轮形状可分为盘形凸轮、移动凸轮、圆柱凸轮和端面圆柱凸轮，见表6—2。

表6—2　　　　　　　　　　　　　　凸轮的类型

名称	简图	特点及应用
盘形凸轮	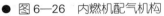	凸轮为径向尺寸变化的盘形构件，它绕固定轴做旋转运动。从动件在垂直于回转轴的平面内做往复直线运动或往复摆动。这种机构是凸轮最基本的形式，应用广泛

续表

名称	简图	特点及应用
移动凸轮	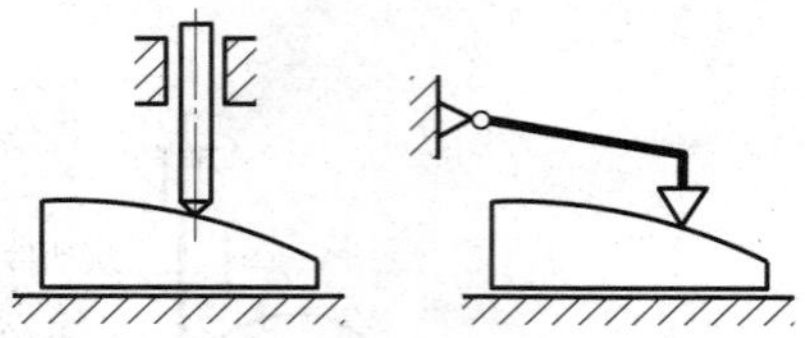	凸轮为一个带有曲面的直线运动构件，在凸轮往返移动作用下，从动件可做往复直线运动或往复摆动。这种机构在机床上应用较多
圆柱凸轮	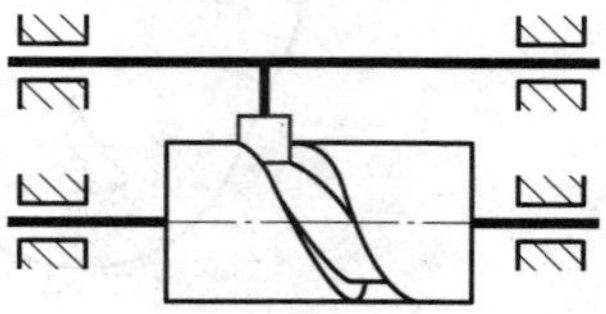	凸轮为一个有沟槽的圆柱体，它绕中心轴做回转运动。从动件在平行于凸轮轴线的平面内做直线移动或摆动。这种机构常用于自动机床
端面圆柱凸轮	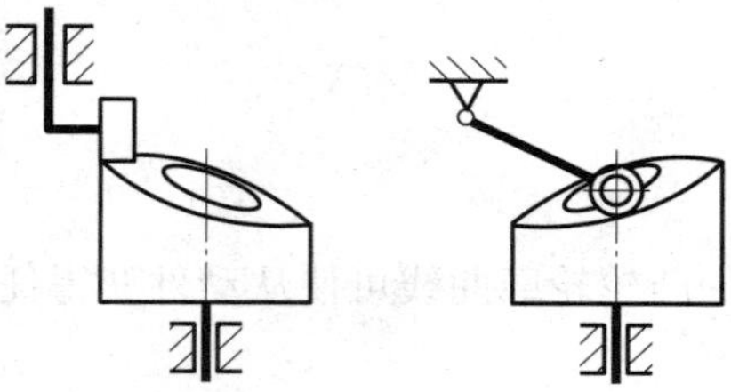	凸轮是一端带有曲面的圆柱体，它绕中心轴做旋转运动。从动件在平行于凸轮轴线的平面内移动或摆动。这种机构常用于金属切削机床的变速箱

2. 从动件端部形状

从动件端部形状主要有尖顶、滚子、平底和曲面，见表6—3。

表6—3　　　　　　　　　　　　从动件端部形状

名称	简图	特点及应用
尖顶从动件	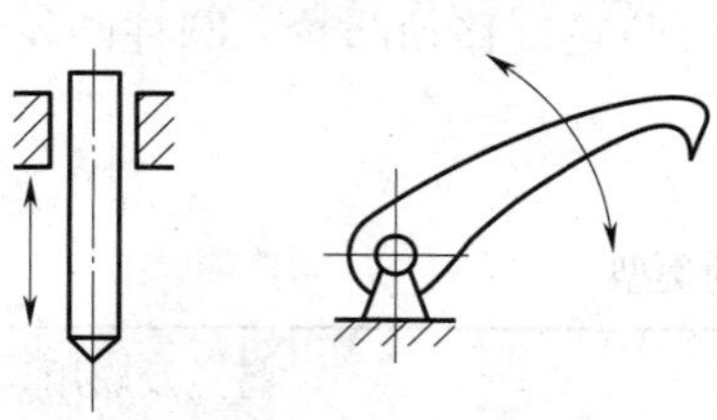	凸轮与从动件之间为点接触或线接触，它能准确地实现任意的运动规律，构造最简单，但易磨损，只适用于作用力不大和速度较低的场合，如用于仪表的机构中
滚子从动件	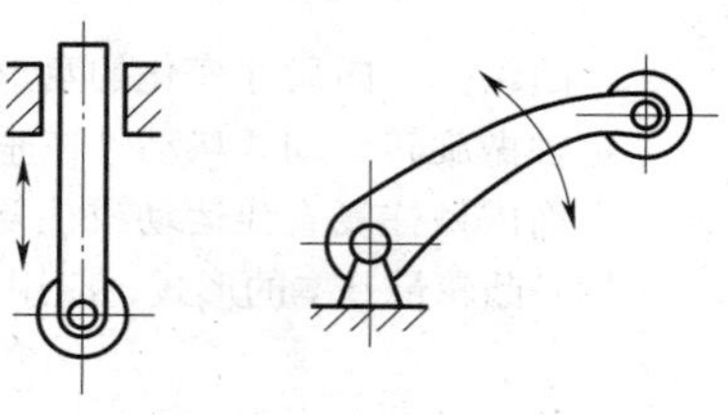	从动件与凸轮接触的一端装有滚子，凸轮与从动件之间为滚子接触，利于润滑。滚子与凸轮轮廓之间为滚动摩擦，磨损较小，故可用来传递较大的动力，应用较广

名称	简图	特点及应用
平底从动件	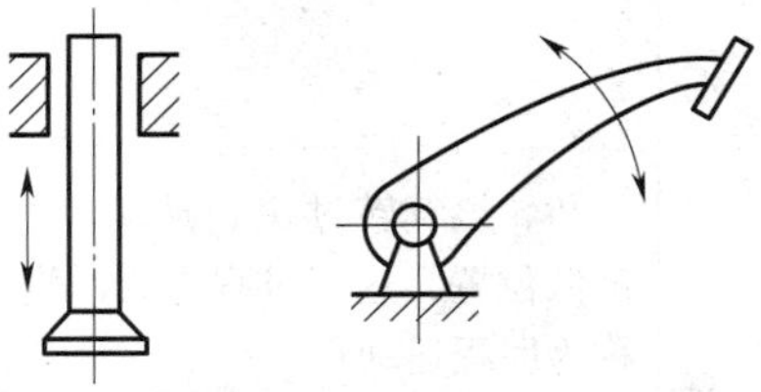	从动件与凸轮的曲线轮廓相切形成楔形缝隙，易于形成楔形油膜，润滑较好，常用于高速传动中
曲面从动件	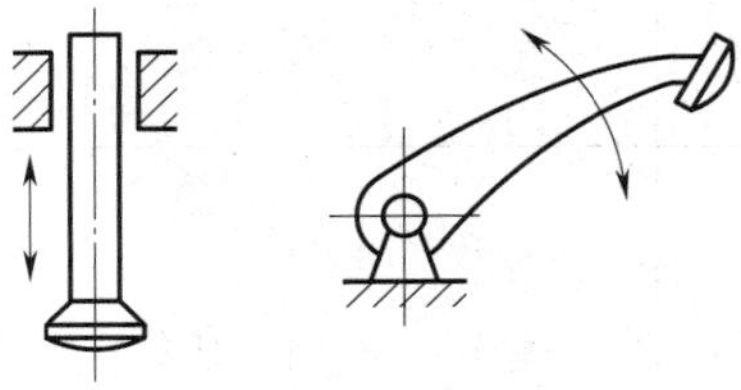	可避免因安装位置偏斜或不对中而造成的表面应力过大和磨损增大，兼有尖顶和平底从动件的优点，应用较广

三、凸轮机构的工作过程

凸轮机构中最常用的运动形式为凸轮做等速回转运动，从动件做往复移动。表6—4所列为对心外轮廓盘形凸轮机构的工作过程。凸轮回转时，从动件做"升—停—降—停"的运动循环。现以此机构为例，研究从动件的运动规律及特点。

表6—4　　　　凸轮机构的"升—停—降—停"运动循环

运动	图示	描述
升	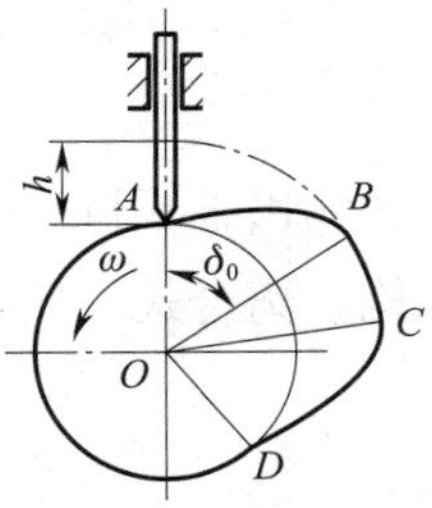	当凸轮逆时针转过 δ_0 时，从动件由最低位置被推到最高位置，从动件运动的这一过程称为推程，凸轮转角 δ_0 称为推程运动角 从动件上升或下降的最大位移 h 称为行程
停	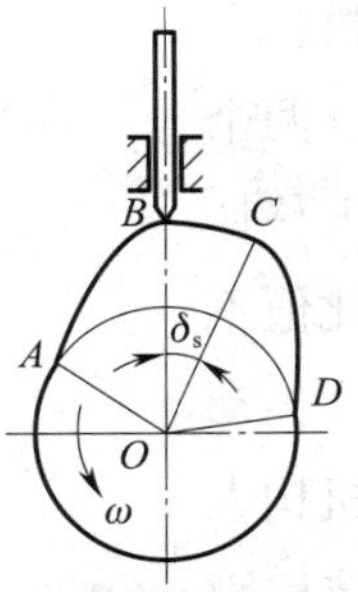	因凸轮的 BC 段轮廓为圆弧，故凸轮转过 δ_s 时，从动件静止不动，且停在最高位置，这一过程称为远停程，凸轮转角 δ_s 称为远停程角

续表

运动	图示	描述
降		凸轮继续转过 δ'_0，从动件由最高位置回到最低位置，这一过程称为回程，凸轮转角 δ'_0 称为回程运动角
停		凸轮转过 δ'_s 时，从动件处于最低位置且静止不动，这一过程称为近停程，凸轮转角 δ'_s 称为近停程角

§6—3 变速机构

在输入轴转速不变的条件下，使输出轴获得不同转速的传动装置称为变速机构。汽车、机床、起重机等都需要变速机构。变速机构分为有级变速机构和无级变速机构。

一、有级变速机构

有级变速机构是在输入轴转速不变的条件下，使输出轴获得一定的转速级数。常用的有级变速机构有塔轮变速机构、滑移齿轮变速机构、离合式齿轮变速机构、挂轮变速机构和拉键变速机构等。

1. 塔轮变速机构

塔轮变速机构有塔带轮变速机构、塔齿轮变速机构和塔链轮变速机构。图 6—28 所示为塔带轮变速机构，两个塔带轮分别固定在轴Ⅰ、Ⅱ上，传动带可以在带轮上移换三个不同的位置。由于两个塔带轮对应各级的直径比值不同，所以当轴Ⅰ以固定不变的转速旋转时，通过移换传动带的位置可使轴Ⅱ得到三级不同的转速。这种变速机构大多采用平带传动，也可以用 V 带传动。其优点是结构简

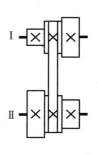

● 图6—28 塔带轮变速机构

单，传动平稳；缺点是尺寸较大，变速不方便。

图6—29所示为塔齿轮变速机构，轴Ⅰ上固定地安装着若干个模数相同、齿数不同的齿轮（即塔齿轮）。为了将轴Ⅰ的运动传递给轴Ⅱ，设置了一个中间齿轮。中间齿轮空套在销轴上，销轴固定在摆动架上。摆动架可带动滑移齿轮和中间齿轮轴向移动且绕轴Ⅱ摆动一定角度，以保证滑移齿轮能与塔齿轮上每一个齿轮啮合而得到若干不同传动比。定位销起固定和锁紧作用（图6—29b）。变速工作原理是先拔出定位销，转动摆动架使中间齿轮与塔齿轮脱开啮合，然后轴向移动摆动架至所需齿轮的啮合位置，再将定位销插入相应的定位孔中。

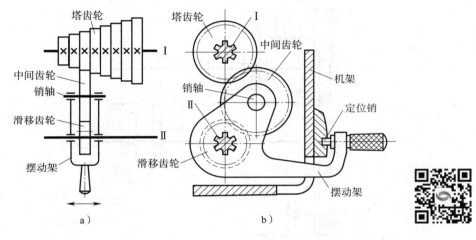

● 图6—29　塔齿轮变速机构

2. 滑移齿轮变速机构

滑移齿轮变速机构如图6—30所示，在主动轴Ⅰ上固定了两个或三个齿轮，相互保持一定距离，双联或三联滑移齿轮用花键与从动轴Ⅱ相连。移动滑移齿轮可以实现不同齿轮副的啮合，从而使轴Ⅱ得到2级或3级转速。这种变速机构的特点是改变滑移齿轮

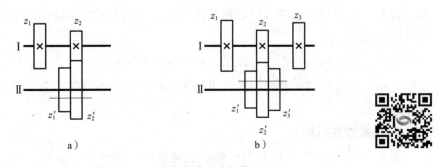

● 图6—30　滑移齿轮变速机构

a）双联滑移齿轮变速　　b）三联滑移齿轮变速

的啮合位置，就可以改变轮系的传动比。这种机构具有变速可靠、传动比准确等优点，但零件种类和数量多，变速有噪声。

滑移齿轮变速机构在机床变速中得到广泛应用，如图 6—31 所示为某车床主轴变速箱的传动系统。在轴 II 上安装了一个三联滑移齿轮和一个双联滑移齿轮，在轴 III 上安装了一个双联滑移齿轮。第一变速组由轴 II 上的三联滑移齿轮分别与轴 I 上的固连齿轮啮合实现，可以实现 3 级传动比；第二变速组由轴 II 上的双联滑移齿轮与轴 III 上的固连齿轮啮合实现，可以实现 2 级传动比；第三变速组由轴 III 上的双联滑移齿轮与轴 IV 上的固连齿轮实现，可以实现 2 级传动比。因此，轴 IV 的转速共有 $3 \times 2 \times 2 = 12$ 级。

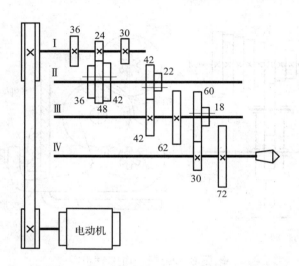

● 图 6—31　某车床主轴变速箱的传动系统

3. 离合式齿轮变速机构

如图 6—32 所示，固定在轴 I 上的两个齿轮与空套在轴 II 上的两个齿轮保持啮合状态。轴 II 上装有双向牙嵌式离合器（用导向平键或花键与轴相连），空套在轴 II 上的两齿轮在靠近离合器一端的端面上有能与离合器相啮合的齿。当轴 I 转速不变时，通过双向离合器的中间滑块向左或向右移动并与齿轮上的半离合器结合，轴 II 即可得到两种不同的转速。

这种变速机构的特点是可以采用斜齿轮或人字齿轮，使传动平稳。若采用摩擦式离合器，则可以在运转中变速。其缺点是齿轮处在经常啮合的状态，磨损较快，离合器所占空间较大。

4. 挂轮变速机构

图 6—33a 所示为采用一对挂轮的变速机构，其轴 I、轴 II 上装有一对可以拆卸更换的齿轮（也称挂轮或交换齿轮、配换齿轮）A 和 B，从设备的备用齿轮中挑选不同齿

数的两个挂轮换装在轴Ⅰ和轴Ⅱ上，就可得到不同的传动比。变速级数取决于备用齿轮中能相互啮合且满足中心距要求的齿轮副的对数。在模数相同时，要求配换的各对挂轮的齿数和应相等。

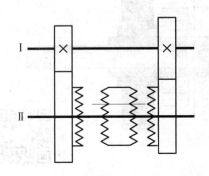

● 图6—32　离合式齿轮变速机构

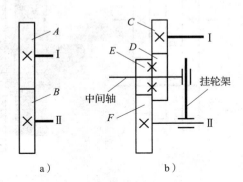

● 图6—33　挂轮变速机构
a）一对挂轮　b）两对挂轮

图6—33b所示为采用两对挂轮的变速机构，挂轮 C 和 F 分别装在位置固定的轴Ⅰ和轴Ⅱ上，齿轮 E 和 D 用平键连在一起，空套在挂轮架的中间轴上，挂轮架可以调整位置。轴Ⅰ的运动由齿轮 C 和 D 啮合传入，齿轮 D 和 E 同步旋转，并通过 E 和 F 啮合传递给轴Ⅱ。齿轮 C、D 中心距改变时，中间轴可在直槽中上下移动，以保证齿轮 C 和 D 的啮合。同时，挂轮架可以绕轴Ⅱ摆动，通过调整角度来保证齿轮 E 与 F 的啮合。

挂轮变速机构的优点：结构简单、紧凑。由于用作主、从动轮的齿轮可以颠倒其位置，所以用较少的齿轮可获得较多的变速级数。

挂轮变速机构的缺点：变速麻烦，调整齿轮费时费力，主要用于不需要经常变速的场合，如加工齿轮的插齿机、车床车削螺纹时的丝杠变速机构、铣床万能分度头等设备中。

5. 拉键变速机构

如图6—34a所示，一组塔齿轮固定在轴Ⅰ上，数目相等的另一组塔齿轮空套在轴Ⅱ上，两组齿轮始终保持啮合。轴Ⅱ内孔装有一拉键机构，其工作原理如图6—34b所示，通过操纵机构使拉杆左右移动，在弹簧的作用下，将拉键压入某一空套齿轮的键槽中，将该齿轮的运动传递给轴Ⅱ。在各空套齿轮之间有垫圈，它可以将各空套齿轮彼此隔开，防止拉键同时进入相邻两个空套齿轮的键槽中，也避免了转速不同的相邻空套齿轮间的相互摩擦。拉键变速机构刚度较差，所以其能传递的转矩不大。

有级变速机构的特点是可以实现在一定转速范围内的分级变速，具有变速可靠、传动比准确、结构紧凑等优点，但高速回转时不够平稳，变速时有噪声。

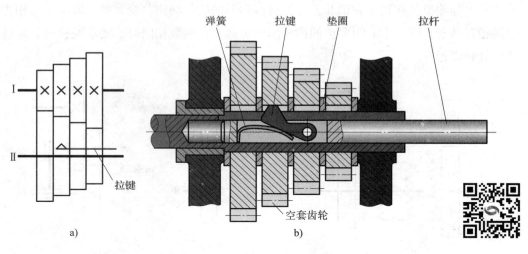

● 图 6—34 拉键变速机构

二、无级变速机构

有些机械为了适应工作条件的变化，需要连续地改变工作速度，这就需要无级变速机构。无级变速机构有机械式、电动式、电磁式和液压式等多种形式，其中机械式无级变速机构具有结构简单、传动性能好、实用性强、维护方便和效率高等优点，所以应用广泛。机械式无级变速机构的常用类型有滚子平盘式无级变速机构和分离锥轮式无级变速机构等。

1. 滚子平盘式无级变速机构

如图 6—35 所示为滚子平盘式无级变速机构，其主、从动轮靠接触处产生的摩擦力传动，传动比 $i=R_2/R_1$。若将滚子沿轴向移动，R_2 改变，传动比也随之改变。由于 R_2 可在一定范围内任意改变，所以从动轴 II 可以获得无级变速。该机构的优点是结构简单、制造方便，但存在较大的相对滑动，磨损严重。

2. 分离锥轮式无级变速机构

分离锥轮式无级变速机构如图 6—36 所示，在主动轴 I 和从动轴 II 上分别装有锥轮 1a、1b 和 2a、2b，其中锥轮 1b 和 2a 分别固定在轴 I、II 上，锥轮 1a 和 2b 可以沿轴 I、II 同步同向移动。宽 V 带套在两对锥轮之间，工作时如同 V 带传动。通过轴向同步移动锥轮 1a 和 2b，可改变传动半径的大小，从而实现无级变速。这种变速机构的优点是结构简单，容易进行无级变速，工作平稳，能吸收振动，具有过载保护作用，传动带虽易磨损，但其更换方便、价格低廉；缺点是外形尺寸较大，变速范围相对较小。

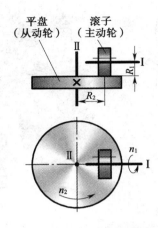

● 图6—35　滚子平盘式无级变速机构

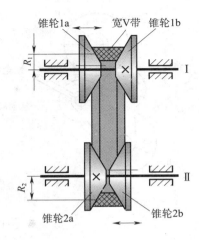

● 图6—36　分离锥轮式无级变速机构

机械式无级变速机构的优点是结构简单，过载时传动单元间打滑，可避免损坏机器，传动平稳，无噪声，易于平缓连续地变速。主要缺点是不能保证准确的传动比，传动效率较低，外形尺寸较大，变速范围较小。

§6—4　换向机构

汽车不但能前进而且能倒退，机床主轴既能正转也能反转。这些运动形式的改变通常是由换向机构来完成的。如图6—37所示为汽车变速换挡手柄，其中的 R 挡为倒挡。

换向机构是在输入轴转向不变的条件下，可使输出轴转向改变的机构。其常见类型有三星轮换向机构和锥齿轮换向机构等。

一、三星轮换向机构

● 图6—37　汽车变速换挡手柄

三星轮换向机构是利用惰轮来实现从动轴回转方向的变换，如图6—38所示。转动手柄可使三角形杠杆架绕从动齿轮的轴线 II 回转。处于图6—38a所示位置时，惰轮1参与啮合，从动齿轮与主动齿轮的回转方向相同。处于图6—38b所示位置时，惰轮1、2参与啮合，从动齿轮与主动齿轮的回转方向相反。卧式车床走刀系统就是采用三星轮换向机构进行换向的。

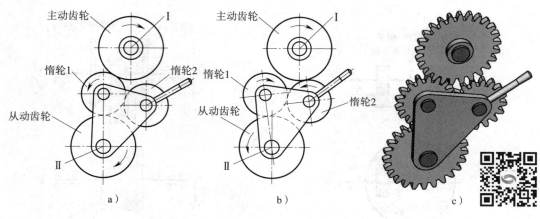

● 图 6—38　三星轮换向机构

二、锥齿轮换向机构

利用离合器实现的锥齿轮换向机构如图 6—39a 所示，主动锥齿轮与空套在轴Ⅱ上的从动锥齿轮 1、2 啮合，离合器与轴Ⅱ用花键连接。当离合器向左移动与从动锥齿轮 1 接合时，从动轴的转向与从动锥齿轮 1 相同；当离合器向右移动与从动锥齿轮 2 接合时，从动轴的转向与从动锥齿轮 2 相同。图 6—39b 所示为利用滑移锥齿轮套实现的换向机构，两个从动锥齿轮与套连接为一体，并用滑键与轴相连。通过向左或向右滑移锥齿轮套，使从动轴上左右两个从动锥齿轮分别与主动轴上锥齿轮的左右侧轮齿啮合，从而实现换向。

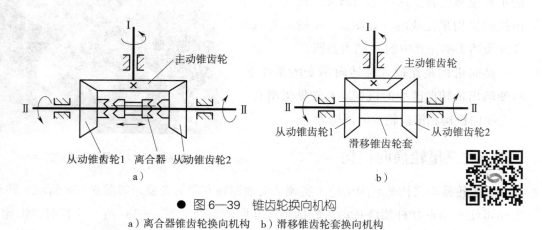

● 图 6—39　锥齿轮换向机构
a）离合器锥齿轮换向机构　b）滑移锥齿轮套换向机构

§6—5　间歇运动机构

在某些机器中，当主动件做连续运动时，常常需要从动件做周期性的运动或停歇，实现这种运动的机构称为间歇运动机构。

一、棘轮机构

棘轮机构是由棘轮和棘爪组成的一种单向间歇运动机构。棘轮机构常用在各种机床的间歇进给或回转工作台的转位中。在自行车中，棘轮机构用于单向驱动；在卷扬机中，棘轮机构常用于防止逆转。棘轮机构工作时常伴有噪声和振动，因此它的工作频率不能过高。

1. 棘轮机构的工作原理

如图6—40所示为机械中常用的齿式棘轮机构，它由棘轮、驱动棘爪和止回棘爪等组成。当主动摇杆逆时针方向摆动时，驱动棘爪便插入棘轮的齿槽中，使棘轮跟着转过一定角度，此时止回棘爪在棘轮齿背上滑过；当主动摇杆顺时针方向摆动时，止回棘爪阻止棘轮发生顺时针方向转动，而驱动棘爪则只能在棘轮齿背上滑过，这时棘轮静止不动。因此，当主动件做连续的往复摆动时，棘轮做单向的间歇运动。

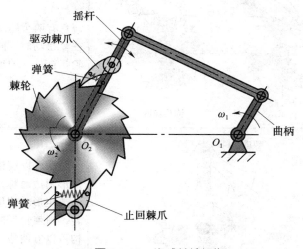

● 图6—40　齿式棘轮机构

2. 常见棘轮机构

（1）齿式棘轮机构

齿式棘轮机构是通过装于摇杆上的棘爪推动棘轮做一定角度间歇转动的机构。齿式棘轮机构有外啮合式和内啮合式两种。

1）外啮合齿式棘轮机构

外啮合齿式棘轮机构有单动式棘轮机构、双动式棘轮机构和可变向棘轮机构几种形式，见表6—5。

表 6—5   **外啮合齿式棘轮机构常见类型及特点**

类型	简图	特点
单动式棘轮机构	主动件 驱动棘爪 棘轮 止回棘爪	它有一个驱动棘爪，只有当主动件朝着某一方向摆动时，才能推动棘轮转动；而反向摆动则无法驱动棘轮转动
双动式棘轮机构	直棘爪　　　钩头棘爪	它有两个驱动棘爪，当主动件做往复摆动时，两个棘爪交替带动棘轮朝着同一方向做间歇运动
可变向棘轮机构	棘爪 棘轮	棘爪可以绕销轴翻转，棘爪爪端外形两边对称，棘轮的齿形制成梯形或矩形。使用时，如果将棘爪翻转，则棘轮反向转动。这种棘轮机构可以方便地实现两个方向的间歇运动

2）内啮合齿式棘轮机构

内啮合齿式棘轮机构如图 6—41 所示，棘轮的轮齿加工在轮子的内壁上，棘爪安装在内部的主动轮上。当主动轮逆时针方向转动时，棘爪推动棘轮转动；当主动轮顺时针方向转动时，棘爪从棘轮齿背上滑过，不能推动棘轮转动。

（2）摩擦式棘轮机构

摩擦式棘轮机构是用偏心扇形楔块代替齿式棘轮机构中的棘爪，以无齿摩擦轮代替棘轮，如图6—42所示。其优点是转角大小的变化不受轮齿的限制，在一定范围内可任意调节转角，传动平稳、无噪声。但因靠摩擦力传动，会出现打滑现象，虽然可起到安全保护作用，但是传动精度不高。它适用于低速、轻载的场合。

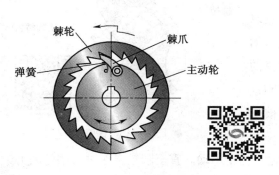

● 图6—41　内啮合齿式棘轮机构

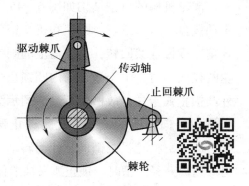

● 图6—42　摩擦式棘轮机构

3. 棘轮机构的应用实例

　　棘轮机构的主要用途有间歇送进、制动和超越等。图6—43所示为提升机的棘轮停止机构，可以有效地防止卷筒倒转。图6—44所示为自行车的飞轮机构，自行车后轴上安装的飞轮机构为内啮合齿式棘轮机构。链轮内圈具有棘齿，棘爪安装在后轴上。当链条带动链轮转动时，链轮内侧的棘齿通过棘爪带动后轴转动，驱动自行车前行；当自行车下坡或脚不蹬踏板时，链轮不动，但后轴由于惯性仍按原方向转动，此时棘爪在棘轮齿背上滑过，自行车继续前行。

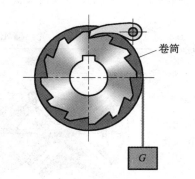

● 图6—43　提升机的棘轮停止机构

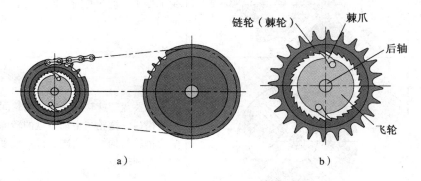

a）　　　　　　　　　　b）

● 图6—44　自行车的飞轮机构

a）自行车传动系统　b）自行车后轴飞轮结构

二、槽轮机构

1. 槽轮机构的组成和工作原理

槽轮机构的典型结构如图 6—45 所示，它由主动拨盘、从动槽轮、圆销和机架组成。拨盘以等角速度做连续回转，当拨盘上的圆销未进入槽轮的径向槽时，由于槽轮的内凹锁止弧被拨盘的外凸锁止弧卡住，故槽轮不动。图示为圆销刚进入槽轮径向槽时的位置，此时锁止弧也刚被松开。此后，槽轮受圆销的驱使而转动。而圆销在

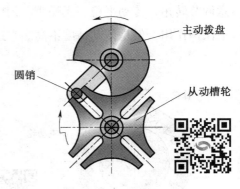

● 图 6—45 槽轮机构

另一边离开径向槽时，锁止弧又被卡住，槽轮又静止不动。直至圆销再次进入槽轮的另一个径向槽时，又重复上述运动。所以，槽轮做时动时停的间歇运动。

2. 槽轮机构的常见类型及特点

槽轮机构的常见类型及特点见表 6—6。

表 6—6　　　　　　　　　　　　槽轮机构的常见类型及特点

类型	简图	特点
单圆销外槽轮机构		主动拨盘每回转一周，圆销拨动槽轮运动一次，且槽轮与主动拨盘的转向相反。槽轮静止不动的时间很长
双圆销外槽轮机构		主动拨盘每回转一周，槽轮运动两次，减少了静止不动的时间。槽轮与主动拨盘的转向相反
内啮合槽轮机构		主动拨盘匀速转动一周，槽轮间歇地转过一个槽口，槽轮与主动拨盘的转向相同。内啮合槽轮机构结构紧凑，传动较平稳，槽轮停歇时间较短

　　槽轮机构的优点：结构简单，转位方便，工作可靠，传动平稳性好，能准确控制槽轮转角。

　　槽轮机构的缺点：转角的大小受到槽数限制，不能调节。在槽轮转动的始末位置，机构存在冲击现象，且随着转速的增加或槽轮槽数的减少而加剧，故不适用于高速场合。

三、不完全齿轮机构

　　如图 6—46 所示为外啮合式不完全齿轮机构，该机构的主动齿轮齿数较少，只保留三个轮齿，从动齿轮上制有与主动齿轮轮齿相啮合的轮齿及带锁止弧的厚齿。主动齿轮转一周，从动齿轮转 1/6 周，从动齿轮转一周停歇六次。这种主动齿轮做连续转动，从动齿轮做间歇运动的齿轮传动机构称为不完全齿轮机构。不完全齿轮机构是由普通渐开线齿轮机构演变而成的一种间歇运动机构。

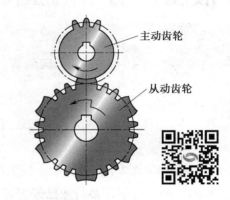

● 图 6—46　外啮合式不完全齿轮机构

　　不完全齿轮机构的特点是结构简单、工作可靠、传递力大，但工艺复杂，从动齿轮在运动的开始与终止位置有较大冲击，一般适用于低速、轻载的场合。

巩固练习

1. 简述铰链四杆机构的组成及分类。铰链四杆机构又可演化出哪些机构？
2. 简述凸轮机构的组成及类型。
3. 什么是有级变速机构？列举几种常见的类型。
4. 什么是换向机构？列举几种常见的类型。
5. 简述棘轮机构的组成及工作原理。外啮合齿式棘轮机构有哪些形式？
6. 槽轮机构有哪些常见类型？
7. 什么是不完全齿轮机构？它是如何实现间歇运动的？

第七章
液压传动与气压传动基础

§7—1 液压传动概述

液压传动属于流体传动，其工作原理与机械传动有着本质的区别。随着液压传动技术的发展，目前许多行业已经普遍采用液压传动技术，特别是在机床、工程机械、汽车、船舶等行业中得到了广泛应用。如图 7—1 所示为挖掘机，它的动臂、斗杆、铲斗等工作机构和行走机构都采用了液压传动。

一、液压传动的基本原理和组成

1. 液压传动的基本原理

液压千斤顶（图 7—2）是一个在生产、生活中经常用到的小型起重装置，常用于顶升重物。它是利用液压传动进行工作的。液压传动是用液体作为工作介质来传递能量和进行控制的传动方式。它利用柱塞泵、液压缸等元件，通过压力油将机械能转换为液

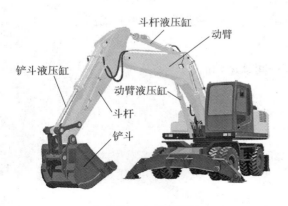

● 图 7—1 挖掘机

● 图 7—2 液压千斤顶

压能，再转换为机械能。液压千斤顶的工作原理如图7—3所示。大缸体和大活塞组成举升液压缸，杠杆手柄、小缸体、小活塞、单向阀1和单向阀2组成手动液压泵。具体工作过程如下：

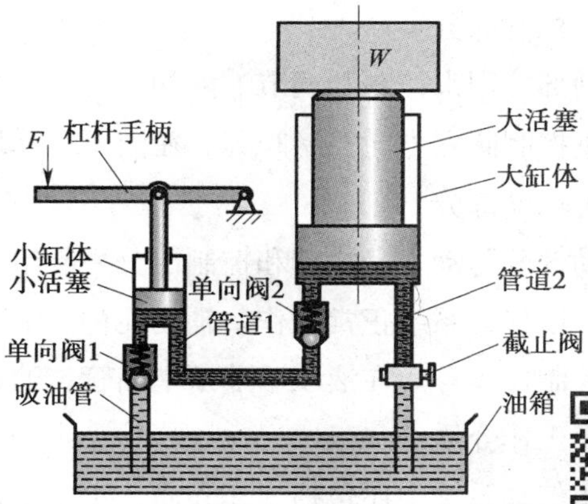

（1）小活塞吸油

当提起杠杆手柄使小活塞向上移动时，小活塞下端油腔容积增大，形成局部真空，这时单向阀1打开，通过吸油管从油箱中吸油。

● 图7—3 液压千斤顶的工作原理

（2）小活塞压油和举升重物

当用力压下杠杆手柄时，小活塞下移，小缸体的下腔压力升高，单向阀1关闭，单向阀2打开，小缸体下腔的油液经管道1输入大缸体的下腔，迫使大活塞向上移动，顶起重物。

再次提起杠杆手柄吸油时，单向阀2关闭，使大缸体中的油液不能倒流。不断往复扳动杠杆手柄，就能不断地将油液压入大缸体的下腔，使重物逐渐地升起。

（3）大活塞卸油

打开截止阀，大缸体下腔的油液通过管道2、截止阀流回油箱，大活塞在重物和自重的作用下向下移动，回到原位。

通过以上分析，可总结出液压传动的工作原理：液压传动是以压力油为工作介质，通过动力元件（液压泵）将原动机的机械能转换为压力油的压力能；再通过控制元件，借助执行元件（液压缸和液压马达）将压力能转换为机械能，驱动负载实现直线或回转运动；通过控制元件对压力和流量的调节，可以调定执行元件的力和速度。

2. 液压传动系统的组成

液压传动系统由动力部分、执行部分、控制部分、辅助部分和工作介质五部分组成。

（1）动力部分

动力部分将原动机输出的机械能转换为油液的压力能（液压能）。动力元件为液压泵。在液压千斤顶中由单向阀1、小活塞、小缸体、杠杆手柄和单向阀2等组成的手动柱塞泵为动力元件。

（2）执行部分

执行部分将液压泵输入的油液压力能转换为带动机构工作的机械能。执行元件有液压缸和液压马达。在液压千斤顶中由大活塞和大缸体组成的液压缸为执行元件。

（3）控制部分

控制部分用来控制和调节油液的压力、流量和流动方向。控制元件有各种压力控制阀、流量控制阀和方向控制阀等。在液压千斤顶中截止阀为控制元件。

（4）辅助部分

辅助部分与动力、执行和控制部分一起组成一个系统，起储油、过滤、测量和密封等作用，以保证系统正常工作。辅助元件有油箱、过滤器、蓄能器、管路、管接头、密封件及控制仪表等。在液压千斤顶中油管、油箱等为辅助元件。

（5）工作介质

液压传动系统中还包括工作介质，主要是指传递能量的液体介质，即各种液压油。

3. 液压传动的应用特点

液压传动与机械传动、电气传动相比，有以下优缺点：

（1）优点

1）易于获得很大的力和力矩。

2）调速范围大，易实现无级调速。

3）质量轻，体积小，动作灵敏。

4）传动平稳，易于频繁换向。

5）易于实现过载保护。

6）便于采用电液联合控制以实现自动化生产。

7）液压元件能够自润滑，元件使用寿命长。

8）液压元件已实现系列化、标准化、通用化。

（2）缺点

1）泄漏会引起能量损失（称为容积损失），这是液压传动中的主要损失。此外，还有管道阻力及机械摩擦所造成的能量损失（称为机械损失），所以液压传动的效率较低。

2）液压传动系统产生故障时，不易找到原因，维修困难。

3）为减少泄漏，液压元件的制造精度要求较高。

二、主要液压元件

1. 液压泵

液压泵是液压传动系统的动力元件，它是将电动机或其他原动机输出的机械能转换为液压能的装置。它的作用是向液压传动系统提供压力油。

液压泵的种类很多，按照结构不同，分为齿轮泵、叶片泵、柱塞泵和螺杆泵等，其中齿轮泵的结构简单，成本低，抗污及自吸性好，因此广泛应用于低压系统。

（1）齿轮泵的结构

齿轮泵的结构如图7—4所示，它主要由左泵盖、泵体、右泵盖、主动齿轮轴、从动齿轮轴等组成。泵的左、右泵盖和泵体由两个圆柱销定位，用六个螺钉连接。为了保证齿轮能灵活转动，同时又要保证泄漏量最小，在齿轮端面和泵盖之间，齿顶和泵体内表面之间都应有适当间隙。

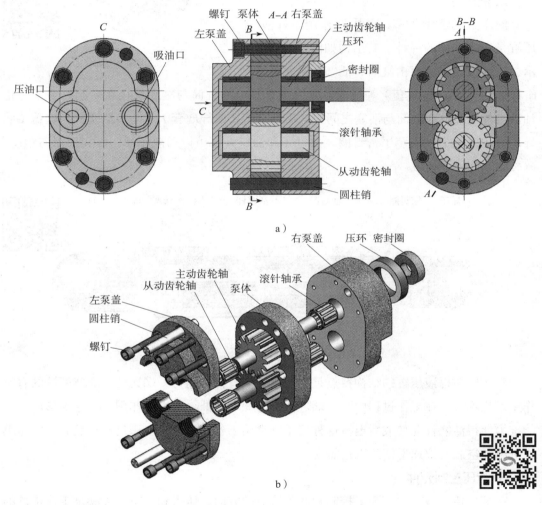

a）

b）

● 图7—4　外啮合齿轮泵的结构

a）结构图　b）实体图

（2）齿轮泵的工作原理

外啮合齿轮泵的工作原理如图7—5所示。当齿轮按图示方向旋转时，右侧吸油腔由于相互啮合的轮齿逐渐脱开，密封工作容积逐渐增大，形成部分真空，因此油箱中的油液在外界大气压力的作用下，经吸油口进入吸油腔，将齿间的槽充满，并随着齿轮旋

转，把油液带到左侧压油腔，随着齿轮的相
互啮合，压油腔密封工作容积不断减小，油
液便被挤出，从压油口输送到压力管路中去。
齿轮啮合时，轮齿的接触线把吸油腔和压油
腔分开。

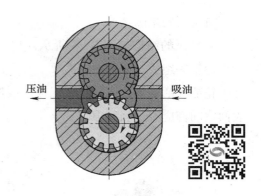

压油 ← → 吸油

● 图7—5 外啮合齿轮泵的工作原理

2. 液压缸

液压缸的类型很多，其中双作用单杆液
压缸是经常采用的一种，其结构如图7—6所
示，这种液压缸主要由缸筒、活塞、活塞杆、
缸底和缸盖（兼导向套）等组成。无缝钢管制成的缸筒与缸底焊接在一起。为了防止
油液内外泄漏，在缸筒与活塞之间、缸筒与缸盖（兼导向套）之间、活塞杆与缸盖（兼
导向套）之间分别安装了密封圈。油口 A 和油口 B 都可以通液压油，以实现双向运动，
故称为双作用液压缸。

耳环　密封圈　缸盖　密封圈　油口 A 活塞杆　密封圈　　活塞 油口 B 　缸底
　　　　　　（兼导向套）　　　　　　　　　　　缸筒

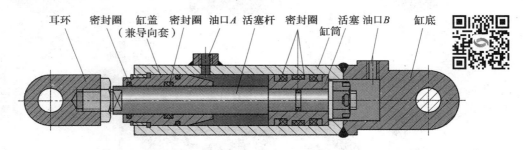

● 图7—6 双作用单杆液压缸

双作用单杆液压缸的结构特点是活塞的一端有杆，而另一端无杆，活塞两端的有效
作用面积不等。在工作过程中，一端进油，另一端回油，压力油作用在活塞上形成一定
的推力使得活塞杆前伸或后退。这种液压缸常用于各类机床，以满足较大负载、慢速工
作进给和空载时快速退回的工作需要。

3. 液压控制元件

在液压传动系统中，为了控制和调节液流的方向、压力和流量，以满足工作机械的
各种要求，就要用到液压控制阀。

根据用途和工作特点的不同，液压控制阀分为方向控制阀、压力控制阀和流量控制
阀三大类。

（1）方向控制阀

控制油液流动方向的阀称为方向控制阀。按用途分为单向阀和换向阀。

1）单向阀

单向阀的作用是使通过阀的油液只向一个方向流动，而不能反方向流动。单向阀如图 7—7 所示，它主要由阀体、阀芯和弹簧等组成。其工作原理是：液压油从 P 口流入，克服弹簧力而将阀芯顶开，再从 A 口流出。当液压油反向流入时，由于阀芯被压紧在阀体的密封面上，所以液流被截止。钢球式单向阀的阀芯为球体，其结构简单；锥阀式单向阀的阀芯为锥套，它与阀体的密封面为圆锥面，其密封效果优于钢球式单向阀。

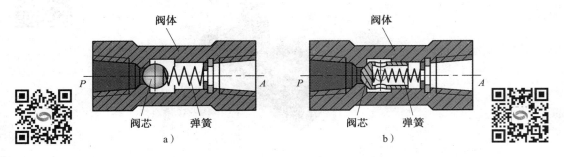

● 图 7—7 单向阀

a）钢球式单向阀 b）锥阀式单向阀

2）换向阀

换向阀是利用阀芯在阀体内的轴向移动，改变阀芯和阀体间的相对位置，以变换油液流动的方向及接通或关闭油路，从而控制执行元件的换向、启动和停止。换向阀的种类很多，下面介绍两种简单的换向阀。

①二位二通手动换向阀。图 7—8a 所示为二位二通手动换向阀的实物图，图 7—8b 所示为其结构原理图，它由手柄、阀体、阀芯等组成。阀芯能在阀体的孔内滑动，扳动手柄，即可改变阀芯与阀体的相对位置，从而使油路接通或断开。阀芯的定位靠钢珠和弹簧实现。

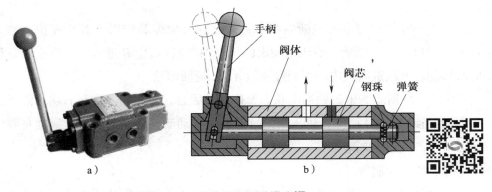

● 图 7—8 二位二通手动换向阀

a）实物图 b）结构原理图

②二位四通电磁换向阀。图7—9a所示为二位四通电磁换向阀的实物图，图7—9b、c所示为其工作原理图，它由阀体、复位弹簧、阀芯、电磁铁和衔铁组成。阀芯能在阀体孔内滑动，阀芯和阀体孔都开有若干段环形槽，阀体孔内的每段环形槽都有孔道与外部的相应阀口相通。

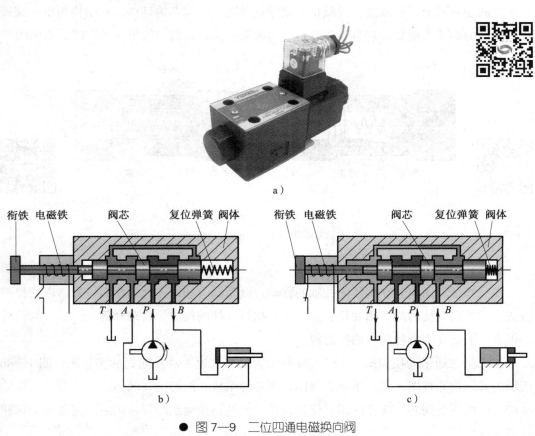

● 图7—9 二位四通电磁换向阀

a）实物图 b）电磁铁断电状态 c）电磁铁通电状态

图7—9b所示为电磁铁断电状态，阀芯在复位弹簧作用下处于左位，通口 P 与 B 接通，通口 A 与 T 接通。液压泵输出的压力油经通口 P、B 进入液压缸左腔，推动活塞向右移动；液压缸右腔内的油液经通口 A、T 流回油箱。

图7—9c所示为电磁铁通电状态，衔铁被吸合，并将阀芯推至右端。液压泵输出的压力油经换向阀通口 P、A 进入活塞缸右腔，推动活塞向左移动；活塞缸左腔内的油液经通口 B、T 流回油箱。

（2）压力控制阀

压力控制阀的作用是控制液压传动系统中的压力，或利用系统中压力的变化来控制其他液压元件的动作，简称压力阀。按照用途不同，压力阀可分为溢流阀、减压阀和顺序阀等。

1）溢流阀

溢流阀在液压传动系统中的主要作用：一是起溢流调压及稳压作用，保持液压传动系统的压力恒定；二是起限压保护作用，防止液压传动系统过载（又称安全阀）。溢流阀通常接在液压泵出口处的油路上。图7—10所示为直动式溢流阀。

2）减压阀

减压阀在液压传动系统中的主要作用是降低系统某一支路的油液压力，使同一系统具有两个或多个不同压力。图7—11所示为直动式减压阀。

● 图7—10 直动式溢流阀

● 图7—11 直动式减压阀

3）顺序阀

顺序阀在液压传动系统中的主要作用是利用液压传动系统中的压力变化来控制油路的通断，从而使某些液压元件按一定的顺序动作。图7—12所示为直动式顺序阀。

（3）流量控制阀

流量控制阀在液压传动系统中的作用是控制液压传动系统中液体的流量。流量控制阀简称流量阀。节流阀是结构最简单、应用最普遍的一种流量控制阀，如图7—13所示。

● 图7—12 直动式顺序阀

● 图7—13 节流阀

§7—2　气压传动概述

气压传动技术是以空气压缩机为动力源，以压缩空气为工作介质，利用压缩空气的压力和流动进行能量传送或信号传递的工程技术，是实现各种生产控制、自动控制的重要手段之一。气压传动技术广泛应用于机械制造业、石油化工业、自动化生产线、轻工食品包装业、电子产品生产行业，在机器人及汽车刹车、车门开闭等设备中也得到广泛应用。

一、气压传动的工作原理及组成

气压传动技术在机械加工设备上应用非常广泛，例如各种切削机床上广泛应用的气动夹具等。图7—14所示为数控铣床上使用的气动平口钳的气压传动系统，气动平口钳通过气缸活塞杆的伸、缩来夹紧、松开工件。气缸活塞杆伸出则平口钳夹紧，气缸活塞杆缩回则平口钳松开。该系统由空气压缩机、气动二联件（排水过滤器和调压阀）、旋钮式二位三通换向阀、单气控二位五通换向阀和气缸等组成。

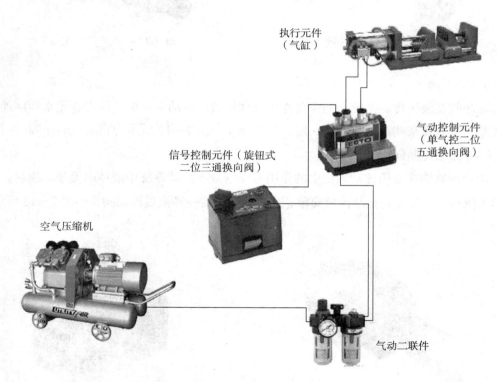

执行元件
（气缸）

气动控制元件
（单气控二位
五通换向阀）

信号控制元件（旋钮式
二位三通换向阀）

空气压缩机

气动二联件

● 图7—14　气动平口钳的气压传动系统

1. 气动平口钳的工作过程

（1）气动平口钳的气压传动系统

分析图7—14可知，空气压缩机产生的压缩空气，经过排水过滤器和调压阀处理后，分别输送给信号控制元件（旋钮式二位三通换向阀）和气动控制元件（单气控二位五通换向阀）。信号控制元件通过气压控制气动控制元件动作。气动控制元件通过分别接通气缸两侧内腔，实现气动平口钳活动钳口的左右运动。

（2）气动平口钳的夹紧动作

当旋转旋钮式二位三通换向阀的旋钮时，接通旋钮式二位三通换向阀，压缩空气通过旋钮式二位三通换向阀使单气控二位五通换向阀动作，单气控二位五通换向阀接通气缸左侧，使活塞向右移动，夹紧工件。

（3）气动平口钳的松开动作

当再次旋转旋钮式二位三通换向阀的旋钮时，旋钮式二位三通换向阀截断压缩空气，同时使空气管道与大气相连，排出压缩空气。此时，单气控二位五通换向阀接通气缸右侧，使活塞向左移动，松开工件。

2. 气压传动的工作原理

通过分析气动平口钳的工作过程，可总结出气压传动的工作原理：气压传动是以压缩空气为工作介质，靠压缩空气的压力传递动力或信息的流体传动。传递动力的系统将压缩空气经由管道和控制阀输送给气动执行元件，把压缩空气的压力能转换为机械能，以推动负载运动。

3. 气压传动系统的组成及各部分的作用

通过分析气动平口钳的气压传动系统可知，气压传动系统一般由以下五部分组成。

（1）气源装置

气源装置包括空气压缩机及空气净化装置。空气压缩机（简称空压机）是将原动机（如电动机）的机械能转换为空气的压力能。空气净化装置用于去除空气中的水分、油分和杂质，为各类气压传动设备提供洁净的压缩空气。图7—14所示气压传动系统的气源装置为空气压缩机。

（2）执行元件

执行元件是把气体压力能转换成机械能，以驱动工作机构的元件，一般指做直线运动的气缸或做旋转运动的气动马达。图7—14所示气压传动系统的执行元件为气缸。

（3）控制调节元件

控制调节元件是对气压传动系统中气体的压力、流量和流动方向进行控制和调节的元件，如减压阀、换向阀、节流阀等，这些元件的不同组合构成了不同功能的气压传动系统。图7—14所示气压传动系统的控制调节元件为调压阀和换向阀。

（4）辅助元件

辅助元件是指除以上三种元件以外的其他元件，如过滤器、油雾器、消声器等。它们对保持系统正常、可靠、稳定和持久地工作起着重要的作用。图7—14所示气压传动系统的辅助元件为排水过滤器。此外，连接气压传动系统还需要气动软管、管接头等。

（5）工作介质

气压传动系统中所使用的工作介质是清洁的空气。

4. 气压传动的应用特点

（1）气压传动的优点

1）工作介质为空气，来源经济方便，用过之后可直接排入大气，不污染环境。

2）由于空气流动损失小，压缩空气可集中供气，远距离输送，且对工作环境的适应性强，可应用于易燃、易爆场所。

3）气压传动具有动作迅速、反应快、管路不易堵塞等优点，且不存在介质变质、补充和更换等问题。

4）气压传动装置结构简单、质量轻、安装维护简单。

5）由于空气的可压缩性，气压传动系统能够实现过载自动保护。

（2）气压传动的缺点

1）由于空气具有可压缩性，所以气缸或气动马达的动作速度受载荷的影响较大。

2）气压传动系统工作压力较低（一般为 0.3 ~ 1.0 MPa），因此气压传统系统输出的动力较小。

3）工作介质没有自润滑性，需要另设润滑装置。

4）噪声大。

二、气源装置与气动元件

1. 空气压缩机

空气压缩机是产生压缩空气的设备，它将机械能（通常由电动机产生）转换成气体压力能。在气压传动系统中活塞式空气压缩机最为常用，如图7—15所示。活塞式空气压缩机由电动机、空气压缩机构、储气罐、排水器、压力开关、压力表及各种阀等组成。

2. 气缸

气缸的结构、形状很多，常用的有单作用气缸和双作用气缸。单作用气缸只有一个方向的运动是依靠压缩空气，活塞的复位靠弹簧力或重力；双作用气缸的活塞往返全都依靠压缩空气来完成。

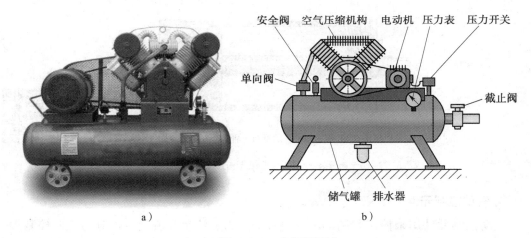

a）　　　　　　　　　　　　　　b）

● 图 7—15　空气压缩机

a）实物图　b）外部结构图

（1）单作用单杆气缸

　　靠弹簧复位的单作用单杆气缸的结构如图 7—16 所示，它主要由活塞杆、活塞、导向环、前缸盖、后缸盖、密封圈等组成，在前缸盖上有一个呼吸口，在后缸盖上有一个进气口。单作用单杆气缸只有在活塞的一侧可以通入压缩空气，在活塞的另一侧呼吸口与大气接通。这种气缸的压缩空气只能在一个方向上做功，活塞的反方向动作则依靠复位弹簧实现。由于压缩空气只能在一个方向上控制气缸活塞的运动，所以称为单作用气缸。

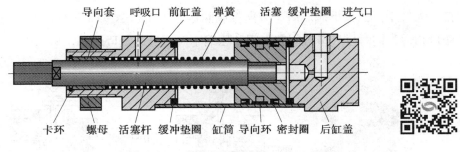

● 图 7—16　单作用单杆气缸

（2）双作用单杆气缸

　　图 7—17 所示为双作用单杆气缸，它主要由活塞杆、活塞、前缸盖、后缸盖、缸筒、密封圈等组成。当压缩空气进入气缸的右腔时（左腔与大气相连），压缩空气的压力作用在活塞的右侧，当作用力克服活塞杆上的负载时，活塞推动活塞杆伸出，活塞杆对外做功；当压缩空气进入左腔时（右腔与大气相连），推动活塞右移，活塞杆收回。

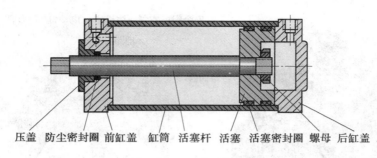

压盖　防尘密封圈　前缸盖　缸筒　活塞杆　活塞　活塞密封圈　螺母　后缸盖

● 图 7—17　双作用单杆气缸

3. 气动控制元件

气动控制元件用来控制和调节压缩空气的压力、流量和流向，可分为方向控制阀、压力控制阀和流量控制阀。

（1）方向控制阀

气压传动系统中的方向控制阀是气压传动中通过改变压缩空气的流动方向和气流的通断，来控制执行元件启动、停止及运动方向的气动元件。常见的有单向阀、换向阀、梭阀、双压阀和快速排气阀等，下面主要介绍换向阀。

换向阀可使气路接通或断开，从而使气动执行元件实现启动、停止或变换运动方向。

按钮式二位三通换向阀是一种最常见的方向控制阀，其产品外形及工作原理如图7—18 所示。它是一种常闭式控制阀，按下按钮时接通气路，松开按钮时断开气路，同时工作回路与大气接通，排出压缩空气。在初始状态（图 7—18b），阀芯将进气口与工作口之间的通道关闭，两口不相通，而工作口与排气口相通，压缩空气可以通过排气口排入大气中。当按下阀芯时，方向控制阀进入工作状态（图 7—18c），这时进气口与工作口相通，同时排气口被阀芯封闭，压缩空气通过进气口进入，从工作口输出。

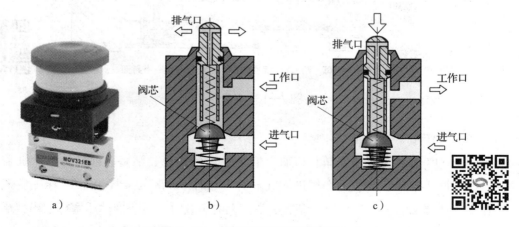

● 图 7—18　按钮式二位三通换向阀

a）产品外形　b）初始状态　c）工作状态

（2）压力控制阀

1）溢流阀

当储气罐或回路中气压上升到调定压力后，系统需要减压，溢流阀可通过排出气体的方法降低系统压力，起到保护系统的作用。

图7—19所示为直动式溢流阀，当气体作用在阀芯上的力小于弹簧力时，溢流阀处于关闭状态；当系统压力升高，作用在阀芯上的力大于弹簧力时，阀芯向上移动，溢流阀开启溢流，使气压不再升高。当系统压力降至低于调定值时，溢流阀又重新关闭。

2）调压阀

调压阀也称为减压阀，在气压传动系统中，气源输出的压缩空气的压力往往比设备实际需要的压力要高些，同时其波动值也较大，影响系统的稳定性，因此需要用调压阀将其压力减到设备所需要的压力，并使减压后的压力稳定到所需压力值上。图7—20所示为直动式调压阀。

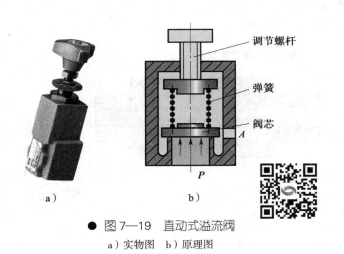

● 图7—19　直动式溢流阀

a）实物图　b）原理图

● 图7—20　直动式调压阀

（3）流量控制阀

1）节流阀

图7—21所示为圆柱斜切型节流阀，压缩空气由 P 口进入，经节流后，由 A 口流出。旋转阀芯螺杆，就可以改变节流口的开度，调节压缩空气的流量。这种节流阀结构简单，体积小，应用广泛。

2）排气节流阀

图7—22所示为排气节流阀，它是在节流阀的基础上增加了消声装置。排气节流阀安装在执行元件的排气口处，用于调节排入大气中的气体流量。它不仅能调节执行元件的运动速度，还能消声，起到降低排气噪声的作用。

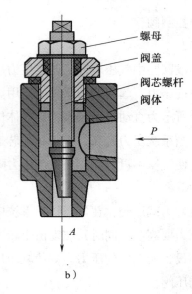

a)   b)

● 图 7—21　节流阀

a）实物图　b）原理图

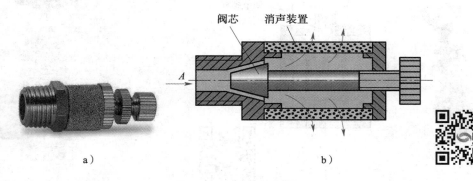

a)   b)

● 图 7—22　排气节流阀

a）实物图　b）原理图

巩固练习

1. 液压传动系统由哪几部分组成？

2. 简述齿轮泵的工作原理。

3. 简述双作用单杆液压缸的结构。

4. 液压控制阀分为哪几类？

5. 气压传动系统由哪几部分组成？

6. 空气压缩机有何作用？

7. 液压或气压传动系统中的换向阀有何作用？